国民海洋意识
发展指数报告（2016）

国民海洋意识发展指数课题组　著

U0353111

海洋出版社

2017年·北京

内 容 简 介

国家海洋强国的建设有赖于国民海洋意识的全面提升。本书介绍了国民海洋意识发展指数的构建过程与方法，提出了一套网络大数据与调查数据相结合的测评方法，对国内 31 个省（区、市）的国民海洋意识现状进行了测算，给出了总指数、分指数、不同数据源、不同区域、典型三级指标的详细数据分析结果，提出了具有针对性的政策建议。

本书可为社会各界了解和掌握我国国民海洋意识的发展现状提供参考。对海洋科学、海洋信息学、数据科学、评估评价等相关领域的研究生、科研人员及社会学者具有一定的参考价值。

图书在版编目（CIP）数据

国民海洋意识发展指数报告：2016/国民海洋意识发展指数课题组著．—北京：海洋出版社，2017.1
ISBN 978-7-5027-9705-8

Ⅰ.①国… Ⅱ.①国… Ⅲ.①海洋–科技意识–研究报告–中国–2016
Ⅳ.①P7

中国版本图书馆 CIP 数据核字（2017）第 012831 号

责任编辑：高朝君　侯雪景
责任印制：赵麟苏

海洋出版社　出版发行

http://www.oceanpress.com.cn
北京市海淀区大慧寺路 8 号　邮编：100081
北京朝阳印刷厂有限责任公司印刷　新华书店北京发行所经销
2017 年 7 月第 1 版　2017 年 7 月北京第 1 次印刷
开本：787mm×1096mm　1/16　印张：10.25
字数：98 千字　定价：58.00 元
发行部：010-62132549　邮购部：010-68038093
编辑室：010-62100038　总编室：010-62114335

海洋版图书印、装错误可随时退换

国民海洋意识发展指数课题组

课题指导委员会

石青峰　王　博　高忠文　王　斌

张东晓　李广建　李谋胜　王　磊

李　鸣　陈学义　张海勇

课题组成员

组长：王继民

成员：胡　波　翟　崑　王建冬　闫宏飞

张汉阳　刘　丹　罗鹏程　牟绍艳

孙　静　赵怡然　赵常煜

《国民海洋意识发展指数报告(2016)》
编写委员会

顾　问：石青峰　张东晓

主　编：王继民　王　斌

副主编：罗鹏程　张海勇

编　委：孙　静　赵怡然　赵常煜

序

在新的历史时期，我国确定了建设海洋强国和 21 世纪海上丝绸之路的战略目标。习近平总书记强调"要进一步关心海洋、认识海洋、经略海洋，推动我国海洋强国建设不断取得新成就"。国家的海洋战略必须扎根在其国民对海洋的认知中，因此，提升全民海洋意识是海洋强国和 21 世纪海上丝绸之路的重要组成部分，建设海洋强国需要发挥海洋意识等软实力的重要作用。掌握国民海洋意识状况、加强海洋意识宣传教育、推进海洋文化繁荣发展，将为海洋强国和 21 世纪海上丝绸之路建设提供强有力的社会共识、舆论环境、思想基础和精神动力。

近年来，我国海洋意识的宣传教育和文化建设成绩显著。"6·8世界海洋日暨全国海洋宣传日""海疆生态行"主题宣传报道、沿海地区各类海洋节庆等活动影响广泛而深远，特别是 2016 年 2 月由国家海洋局会同国务院有关部门制定出台了《提升海洋强国软实力——全民海洋意识宣传教育和文化建设"十三五"规划》，进一步明确了未来一段时期的目标和任务。随着海洋意识宣传教育活动的蓬勃发展，需要一种有效、客观的评价方式对全民海洋意识发展状况进行评估，对海洋宣传教育效果进行度量，国民海洋意识发展指数研究正是在这一背景下应运而生的。

国民海洋意识发展指数的研究，有助于了解我国各地区海洋意识状况及差异情况，及时掌握海洋意识发展变化趋势及存在的问题，为有针对性地制定海洋意识宣传教育方案提供指导。其次，国民海洋意识发展指数的研究，有助于引起民众对海洋意识的关注与认识，同时各省份海洋意识的对比促进了民众对自身海洋意识的思考与反省，进而推动民众自觉提高海洋意识水平。最后，国民海洋意识发展指数的研究，适应了当代社会的信息化环境，通过充分利用互联网大数据的优势，为更加客观、科学地评估民众海洋意识水平提供了研究范本，具有重要的理论价值和实践意义。

国民海洋意识发展指数研究是一项充满挑战的工作。从评价标准来看，海洋意识的内涵极为丰富，如何客观、系统、全面地制定评价指标体系存在不少理论与现实的困难。指标体系的建立需要站在巨人的肩膀上，并集合众人的智慧。由北京大学专家、教授组成的课题组不畏艰辛，通过广泛的调研和反复的研讨，构建出一套较为完善的指标体系初稿。然而课题组并不满足于此，将指标体系初稿进行发布，广泛征求民众意见，通过汇聚民众才智，最终建立起了一套比较权威、可靠的国民海洋意识评价指标体系，为海洋意识发展指数的测评奠定了坚实的基础。从评价数据源来看，传统的问卷调查方式成本高昂、易受抽样方法和随机因素的影响，导致样本数量和质量都存在不足，影响了评价结果的准确性。为解决这一问题，课题组深刻认识到当今信息社会带来的机遇，通过充分利用互联网用户行为大数据，采集客观、多样的涉海用户数据，并将其与传统问卷调查数据进行有效整合，最终的指数结果反映了多种视角的综合测评，其可靠性得到较大的提升。当然，国民海洋意识发展指数也不是完美的，它的研究是一个不断完善的过程。我相信，随着对海洋意识认识的不断加深以及测评方法的进一步改进，海洋意识发展指数也将日臻完美，从而为海洋意识宣传教育和文化建设提供更加丰富、可靠的决策依据。

最后，对于国民海洋意识发展指数的成功编制与发布表示热烈的祝贺，衷心祝愿国民海洋意识发展指数不断完善，为增强海洋强国软实力发挥更加重要的作用。

国家海洋局 王宏

2017 年 6 月

前　言

　　2012 年 11 月，党的十八大做出了建设海洋强国的重大部署，指出"提高海洋资源开发能力，发展海洋经济，保护海洋生态环境，坚决维护国家海洋权益，建设海洋强国"。2013 年 10 月，国家主席习近平出访东南亚国家时提出建设 21 世纪海上丝绸之路的重大倡议，与沿线各国实现政策沟通、设施联通、贸易畅通、资金融通、民心相通。海洋强国战略和 21 世纪海上丝绸之路的实施有赖于国民海洋意识的提高，海洋意识是国家海洋软实力的重要基础，是中华民族向海发展的内在动力。

　　2016 年 2 月，国家海洋局会同教育部、文化部、国家新闻出版广电总局、国家文物局联合印发了《提升海洋强国软实力——全民海洋意识宣传教育和文化建设"十三五"规划》（以下简称《规划》），指出"提升全民海洋意识是海洋强国和 21 世纪海上丝绸之路的重要组成部分，国家的海洋战略必须扎根在其国民对海洋的认知中"。

　　为了促进全民海洋意识水平的提高，《规划》进一步明确了

"十三五"海洋意识宣传教育和文化建设的总体目标——"到2020年初步建成全方位、多层次、宽领域的全民海洋意识宣传教育和文化建设体系……全社会关心海洋、认识海洋、经略海洋的意识显著提高"，提出了"十三五"海洋意识宣传教育和文化建设的主要任务，明确了"以重大理论研究与调查评估为重点，夯实提升全民海洋意识业务体系"。

为了落实《规划》中关于"建立国民海洋意识调查评估体系，在全国范围内定期开展国民海洋意识调查，为客观评价国民海洋意识提供参照，为客观评价海洋意识宣传教育工作提供依据"的目标，受国家海洋局宣传主管部门委托，北京大学海洋研究院展开了"国民海洋意识发展指数"的研究工作。

经过多轮专家论证并广泛征求民众意见，课题组构建了一套国民海洋意识评价指标体系。通过利用互联网大数据和线下调查数据，对我国31个省（区、市）（港、澳、台地区除外）的海洋意识状况进行了测算评估，并对评估结果进行了分析与解读。研究成果可为客观定量地了解我国海洋意识水平、支撑政府海洋相关决策提供参考依据。

国民海洋意识发展指数课题组

2016年12月

目　录

第一章　绪　论

本章介绍了国民海洋意识发展指数的研究背景与研究目标，阐述了研究的基本思路与具体实施过程。

第一节　研究背景

21 世纪是海洋的世纪，开发利用海洋、提高国民海洋意识是实现中华民族伟大复兴的重要组成部分。我国是传统的陆地大国，认识海洋、开发海洋、经略海洋的意识不足。随着海洋强国战略和建设 21 世纪海上丝绸之路倡议的提出，走向海洋、发展海洋、繁荣海洋成为我国经济发展的重要方向，而国民海洋意识的提高是实现这一目标的思想基础。

2016 年 2 月，国家海洋局会同教育部、文化部、国家新闻出版广电总局、国家文物局联合印发了《提升海洋强国软实力——全民海洋意识宣传教育和文化建设"十三五"规划》（以下简称《规划》），指出"提升全民海洋意识是海洋强国和 21 世纪海上丝绸之路的重要组成部分，国家的海洋战略必须扎根在其国民对海洋的认知中"。《规划》中确定了"以重大理论研究与调查评估为重点，夯实提升全民海洋意识业务体系"的工作任务，并明确提出"建立国民海洋意识调查评估体系"。

国民海洋意识发展指数研究是"国民海洋意识调查评估体系"的具体实现，具有重大意义。一方面，它能够科学系统地评估全民海洋意识水平，掌握海洋意识发展变化态势，为我国海洋强国软实力的增强提供客观科学的决策依据，是对十八大精神的贯彻以及对《规划》目标的落实；另一方面，国民海洋意识发展指数的研究能够增强社会各界对海洋意识的认识和重视，引发国民对海洋的关注、了解、学习和思考，促进国民海洋意识的提高。

目前，国内存在一些海洋意识相关调查研究，但绝大多数仅限于特定地区或特定人群的调查。除此以外，仅极少数海洋意识调查涉及全国范围，但也仅在代表区域或者省份选定少量代表城市进行抽样调查，覆盖范围不够全面。《规划》中明确指出"在全国范围内定期开展国民海洋意识调查"，这就要求海洋意识调查需要涉及更大范围。为此，本研究以全国31个省（区、市）（港、澳、台地区除外）为调查研究对象，比较分析各省份海洋意识的差异情况。《规划》还指出"科学利用海洋意识发展指数，并对调查结果进行数值量化分析，为客观评价国民海洋意识提供参照"。为了更加客观地评价国民海洋意识，本研究充分利用互联网大数据的优势，将大数据与问卷调查相结合，形成更加客观、科学、合理的海洋意识发展指数。此外，《规划》指出"对海洋意识宣传教育工作成效进行定性定量分析，为客观评价海洋意识宣传教育工作提供依据，促进海洋意识宣传教育进行科学的管理和有效的资源配置"。为此，本研究深入挖掘分析调查结果，并对相关问题提出具有针对性的政策建议，以期为国民海洋意识的宣传教育提供决策支持。

第二节　研究目标

增强全民海洋意识是我国发展海洋事业、建设海洋强国的重要基础，本研究的目的在于：

（1）建立国民海洋意识评价指标体系。全面、准确地度量我国国民的海洋意识状况，为长期跟踪、调查、研究海洋意识发展水平提供评价基础。

（2）实施国民海洋意识调查评估。客观、定量地测度我国国民海洋意识的发展现状与前景，动态监测国民海洋意识的发展水平与演化趋势，为客观评价国民海洋意识提供参考。

（3）定量分析海洋意识宣传教育成果。发现国民海洋意识中的薄弱环节，深入分析海洋意识演变规律，为海洋意识教育实践提供指引，促进海洋意识宣传教育的科学管理和资源的有效配置。

第三节　研究思路

本研究由"指标体系—调查评估—分析建议"三大层次递进的目标组成，因此，整个研究实施过程分为三大步骤：指标体系的构建、数据采集与评估、报告撰写与发布，具体过程如图 1 所示。

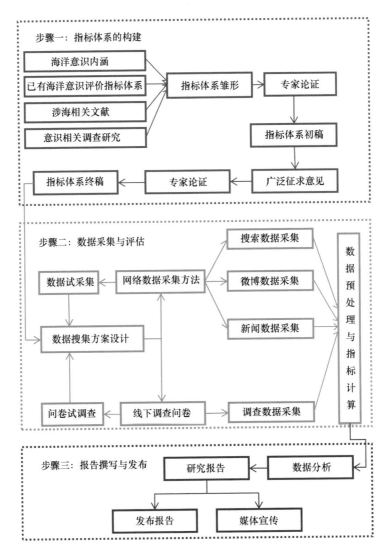

图 1　国民海洋意识发展指数研究实施步骤

（1）指标体系构建阶段。首先对文献进行广泛的调研，包括海洋意识内涵、已有海洋意识评价指标体系、涉海相关文献（如海洋政策）及意识相关调查研究（如环境意识调查）等。在综合调研的基础上，进行比较分析和总结归纳，构建出指标体系雏形，使指标体系尽可能全面完备。然后通过与北京大学海洋研究院、国家海洋局、国家信息中心的相关专家、学者多次举行座谈和研讨，对指标体系雏形进行补充和完善，形成初稿。为了集思广益，也为了唤起广大民众对海洋意识的关注，于2016年4月22日世界地球日通过《人民日报》《中国海洋报》等媒体全文刊登，对指标体系初稿进行发布。构建了国民海洋意识发展指数网站平台，发布指标体系初稿及相关信息，并通过报纸媒体、网络传媒、社交网络进行宣传，广泛征求民众意见，收集反馈信息。在一个多月的意见征求期间，课题组收到了众多民众反馈，通过对民众意见进行梳理归纳，结合专家意见，对指标体系初稿进行了修订。最终形成了国民海洋意识评价指标体系终稿，并于2016年6月25日在福建平潭国际海岛论坛上对外正式发布，进一步引起民众的关注。

（2）数据采集与评估阶段。在国民海洋意识评价指标体系的基础上，着手设计数据搜集方案，将数据的搜集分为两大类，一类是线上网络数据的采集，另一类是线下问卷调查数据的采集。通过与相关领域专家研讨，设计出网络数据采集方案，并做数据试采集，对采集结果进行初步分析和评价，邀请相关领域专家进行座谈研讨，并进一步修改完善采集方案。经过多轮反复尝试，确定最终的网络数据采集方案并实施，涉及搜索、微博和新闻数据。对于线下问卷调查数据，结合国民海洋意识评价指标体系，通过对已有的海洋意识问卷进行归纳总结，并结合海洋领域相关专家的意见，设计出初步的海洋意识调查问卷；通过征求北京大学社会科学调查中心等相关专家的意见，对问卷细节进行了斟酌和完善。通过多轮小范围内的试调查和专家论证，对问卷进行进一步的补充和完善，形成最终的国民海洋意识调查问卷。最终版调查问卷于 2016 年 7 月 14 日通过《中国海洋报》和国民海洋意识发展指数平台（http：//scie.pku.edu.cn/hyys/）对外进行正式发布。在此基础上，设计了调查采样方案，并收集调查数据。完成线上和线下数据采集后，对数据进行预处理和标准化，综合四种数据源完成国民海洋意识发展指数的测评。

（3）报告撰写与发布阶段。在国民海洋意识发展指数测评的基础上，分省份比较海洋意识发展状况、分析国民海洋意识的地域变化趋势等，形成调查研究报告。于 2016 年 11 月初在厦门国际海洋周上对外发布，同时进行媒体宣传推广，被新华网、中新社等媒体以及四川省人民政府等官方网站报道，引起民众对海洋意识的关注。构建国民海洋意识数据分析平台，深度分析国民海洋意识发展状况，发现国民海洋意识薄弱环节，为海洋意识宣传教育实践提供决策依据。

第二章　指标体系与测算方法

本章主要介绍国民海洋意识发展指数的基本概念、评价指标体系的构建原则、评价指标的选择、数据的采集与处理方法和具体的数据测算方法等内容。

第一节 基本概念

海洋意识内涵丰富、涉及面广，许多学者从各自的角度出发给出了不同的定义。有学者认为海洋意识是人们对于海洋及其组成部分在人脑中的主观反映，包括认知、情感、内在行为倾向等内容范畴，是人类与海洋长期互动的结果。还有学者认为海洋意识是个体、公众和各类社会组织对海洋的自然规律、战略价值和作用的反映和认识，是特定历史时期人海关系观念的综合表现。另有学者认为海洋意识是中华民族作为一个整体对海洋在中华民族的历史、现实，特别是未来发展中的地位、作用和价值的系统理性认识。

在本研究中，"国民海洋意识"涉及三个维度：一是"国民"，二是"海洋"，三是"意识"。"国民"明确了海洋意识的主体，即拥有我国国籍的社会成员，包括学生、工人、农民等社会各界；"海洋"的内容十分广泛，涉及国防、法律、管理、生产、消费、科技、环境、安全、科普、资源、历史、教育等各个方面；"意识"属于心理学的研究范畴，通常包括知识、态度和行为。

综上，本研究认为国民海洋意识（National Marine Awareness）是指我国民众在一定时期内，对涉海相关国防、法律、管理、生产、消费、科技、环境、安全、科普、资源、历史、教育等各个方面的性质、规律、价值和作用的反映和认识，表现为民众在海洋相关方面的知识、态度和行为。国民海洋意识评价指标体系（National Marine Awareness Evaluation Index System）是指在海洋意识类型划分的基础上形成的一套标准化的测量工具，用以测量国民海洋意识的强弱程度。国民海洋意识发展指数（National Marine Awareness Development Index，简称MAI）是指在特定时期内，对一定范围内国民的海洋意识发展水平的量化评价。

第二节　基本原则

国民海洋意识评价指标体系应能够反映涉海实践的各个方面，指标构建应贴近民众生活、可操作性强，指标体系本身也需要随时间不断演化、完善。同时，评价指标反映国民的海洋意识状况，能够引起国民对海洋意识的关注。因此，在指标构建的过程中应遵循以下原则：

（1）系统性原则。海洋意识涉及民众生活的方方面面，指标的选取需要具有系统性，这样才能够更有层次地展现海洋意识的各个方面。对海洋的认识可以按照自然、经济、文化、政治这种层次递进的关系进行划分。海洋自然是前提，如果没有海洋自然，也就不可能有海洋经济、文化和政治。海洋经济是基础，无论是海洋文化或者海洋政治，都是建立在海洋经济基础之上。海洋领域的上层建筑集中表现为海洋政治，它维持了特定的海洋经济社会关系。海洋文化是海洋经济和政治的反映，它由特定的海洋政治和海洋经济所决定，同时又能影响特定的海洋经济和海洋政治形态。

（2）全面性原则。指标体系要尽可能全面、完备，能够反映海洋意识的各个重要方面，这样才能更加全面、合理地评价国民海洋意识状况。通过广泛的文献调研和专家研讨，课题组从海洋自然、经济、文化、政治的角度出发，梳理总结了 20 种海洋意识类型，包括海洋科普意识、海洋科研意识、海洋生态意识、海洋减灾意识、海上安全意识、海洋生产意识、海洋消费意识、海洋资源意识、海洋开发意识、海洋历史意识、海洋民俗意识、海洋文艺意识、海洋文化遗产保护意识、海洋教育意识、国际规则意识、海洋权益意识、海洋外交意识、海洋国防意识、海洋法律意识和海洋管理意识。

（3）可行性原则。在建立指标体系的过程中，要考虑数据来源的可操作性，便于评价过程的实施。课题组对多种可能的数据来源进行综合评估，考虑到综合多种数据来源可得到更加客观的评价结果。因此，建立的指标体系应该是一个框架，三级指标的选取既要具体，又不能由于太过具体而限制到某一种数据来源，从而为利用多种数据源创造可能。

（4）适用性原则。国民海洋意识调查对象为普通大众，指标的选取要贴近生活、通俗易懂，与普通大众生活息息相关。一方面有助于引起民众的共鸣，让民众了解到海洋与其生活息息相关，增加民众对海洋的认识，促进民众海洋意识的提高；另一方面有助于海洋意识调查的开展，如果指标的选取专业性过强，几乎所有民众都不能理解，势必不能起到测评的效果。例如，许多海洋生物及医药资源开发技术通常比较"高大上"，民众可能闻所未闻，但如果选取民众对鱼肝油是否有所了解，必然会让民众发现海洋的价值随处可见。

（5）开放性原则。指标体系是一个有机整体，需要在发展的过程中进行补充、完善和修订。本着开放性原则，在指标制定的过程中，课题组不仅征求了许多专家学者的意见，还广泛征求民众意见，得到广大民众的积极响应，使指标体系得到进一步完善。在未来，指标体系也会随着需要不断更新完善，民众可在国民海洋意识发展指数平台针对指标体系提出建议和意见。

（6）导向性原则。指标体系要充分发挥导向、引领作用，明确指标在增强全社会关心海洋、认识海洋和经略海洋意识中的作用。在国民海洋意识发展指数的研究过程中，课题组不仅以客观评价国民海洋意识为目标，还以海洋意识的宣传教育为己任，对评价指标体系进行宣传推广，促进国民对海洋意识的认识和重视。

第三节　指标体系

　　基于国民海洋意识的内涵和指标体系编制原则，构建了国民海洋意识评价指标体系，如图 2 所示。国民海洋意识评价指标体系由海洋自然意识、海洋经济意识、海洋文化意识和海洋政治意识 4 个一级指标组成，每个一级指标下由 4~6 个二级指标组成，共 20 个二级指标。在海洋自然意识中包括海洋科普意识、海洋科研意识、海洋生态意识、海洋减灾意识和海上安全意识 5 个二级指标；在海洋经济意识中包括海洋生产意识、海洋消费意识、海洋资源意识和海洋开发意识 4 个二级指标；在海洋文化意识中包括海洋历史意识、海洋民俗意识、海洋文艺意识、海洋文化遗产保护意识和海洋教育意识 5 个二级指标；在海洋政治意识中包括国际规则意识、海洋权益意识、海洋外交意识、海洋国防意识、海洋法律意识和海洋管理意识 6 个二级指标。在对指标进行测评或数据收集时，从意识的三个维度——知识、态度和行为进行剖析，获取国民海洋意识的评估数据。

　　表 1 为国民海洋意识评价指标体系的详细内容，指标体系由 4 个一级指标，20 个二级指标和 47 个三级指标组成。表中对每个指标进行了编号，圆括号中的数值为指标的权重。指标权重的选择经过专家论证，为 20 个二级指标赋予相同的权重，均为 5 分，

图 2　国民海洋意识评价指标体系

共计 100 分。一级指标的权重为一级指标下所有二级指标权重的
累加，三级指标的权重为三级指标所属二级指标权重的平均分配
值，国民海洋意识发展指数权重为所有一级指标权重的累加，共
100 分。

表1 国民海洋意识评价指标体系

	一级指标	二级指标		三级指标	
MAI 国民 海洋 意识 发展 指数 （100）	A1. 海洋 自然意识 （25）	A11. 海洋科普意识	（5）	A111. 海洋地质地理	（1.67）
				A112. 物理海洋	（1.67）
				A113. 海洋化学	（1.67）
		A12. 海洋科研意识	（5）	A121. 科学考察	（2.50）
				A122. 科研成果	（2.50）
		A13. 海洋生态意识	（5）	A131. 环境污染与防治	（2.50）
				A132. 生态破坏与保护	（2.50）
		A14. 海洋减灾意识	（5）	A141. 海洋灾害状况	（2.50）
				A142. 灾害预警与防护	（2.50）
		A15. 海上安全意识	（5）	A151. 海难事故	（2.50）
				A152. 救生措施	（2.50）
	A2. 海洋 经济意识 （20）	A21. 海洋生产意识	（5）	A211. 经济概况	（2.50）
				A212. 海洋产业	（2.50）
		A22. 海洋消费意识	（5）	A221. 物质产品消费	（2.50）
				A222. 非物质消费	（2.50）
		A23. 海洋资源意识	（5）	A231. 空间资源	（1.25）
				A232. 生物资源	（1.25）
				A233. 矿产资源	（1.25）
				A234. 可再生能源	（1.25）
		A24. 海洋开发意识	（5）	A241. 海洋空间开发	（1.25）
				A242. 海洋生物及医药资源开发技术	（1.25）
				A243. 矿产资源开发与海洋工程技术	（1.25）
				A244. 海水综合利用与海洋能	（1.25）

	一级指标	二级指标		三级指标	
MAI 国民海洋意识发展指数（100）	A3. 海洋文化意识（25）	A31. 海洋历史意识	（5）	A311. 世界航海史	（1.67）
				A312. 我国重大海洋活动	（1.67）
				A313. 海上丝绸之路	（1.67）
		A32. 海洋民俗意识	（5）	A321. 海神信仰	（2.50）
				A322. 节庆文化	（2.50）
		A33. 海洋文艺意识	（5）	A331. 文学作品	（2.50）
				A332. 艺术创作	（2.50）
		A34. 海洋文化遗产保护意识（5）		A341. 非物质文化遗产保护	（2.50）
				A342. 物质文化遗产保护	（2.50）
		A35. 海洋教育意识	（5）	A351. 学校教育	（1.67）
				A352. 社会教育	（1.67）
				A353. 宣教活动	（1.67）
	A4. 海洋政治意识（30）	A41. 国际规则意识	（5）	A411. 国际条约	（2.50）
				A412. 国际活动	（2.50）
		A42. 海洋权益意识	（5）	A421. 国家管辖海域	（2.50）
				A422. 国家管辖范围以外海域	（2.50）
		A43. 海洋外交意识	（5）	A431. 外交政策与主张	（2.50）
				A432. 外交事件	（2.50）
		A44. 海洋国防意识	（5）	A441. 军事力量	（2.50）
				A442. 军事行动	（2.50）
		A45. 海洋法律意识	（5）	A451. 法律法规	（2.50）
				A452. 守法行为	（2.50）
		A46. 海洋管理意识	（5）	A461. 管理机构	（2.50）
				A462. 管理活动	（2.50）

第四节　测算方法

1. 数据源的选择

　　以往海洋意识的调查研究主要采用问卷调查的方式进行，然而问卷调查成本高昂，易受随机取样的影响，并且主要针对民众的海洋知识和态度进行测评，测评角度和题目数量都会有所限制。随着互联网的普及，越来越多的民众开始在网络中获取信息。截至 2015 年 12 月，我国网民规模达 6.88 亿。如此庞大的用户群体使得利用网络大数据分析国民海洋意识成为可能。在本研究中，综合利用了线上用户数据和线下调查数据，全方位、多视角地分析了我国国民海洋意识水平。具体来说，线上网络用户数据包括三种数据源：搜索引擎用户搜索数据、微博评论数据和新闻评论数据；线下问卷调查数据主要是针对全国重点高中生群体的调查。意识可通过知识、态度和行为三个角度来测评，而问卷数据、用户搜索数据、微博评论数据和新闻评论数据则能更加全面地覆盖这三个方面。首先问卷主要是针对涉海知识和态度进行的题目设置，其次搜索数据、评论数据则从信息获取行为和涉海话题讨论行为的角度进行了测评。

　　（1）搜索引擎用户搜索数据。搜索引擎是互联网第二大应

用，已经成为人们信息生活中必不可少的重要组成部分。截至
2015 年年底，我国搜索引擎用户规模达 5.66 亿，使用率为
82.3%。百度作为国内第一大搜索引擎，其用户搜索数据能够较
为真实地反映我国网民的搜索行为。因此，将百度搜索指数作为
本研究数据源之一。

（2）微博评论数据。微博是典型的 Web 2.0 应用，用户成为
信息的生产者。在微博中，用户不仅可以发布博文，还可以及时
地对感兴趣的事件发表评论、转发和点赞，从而构成了一个强大
的网络舆论场。新浪微博作为国内第一大微博应用，在 2016 年第
一季度活跃用户数量达 2.61 亿。因此，将新浪微博作为本研究的
数据源之一。

（3）新闻评论数据。网络新闻是互联网第三大应用，也是民
众了解国家大事、关注社会发展、掌握时代脉搏的重要手段。截
至 2015 年 12 月，我国网络新闻用户规模达 5.64 亿，网民的使用
率为 82.0%。本次数据采集中，选取国内最大的新闻门户网站之
一——新浪新闻作为数据源之一。

（4）问卷调查数据。高中是学生接受通识教育的最后阶段，
也是学习获取知识最为频繁集中的阶段。通过对全国各省份部分
重点中学高中生进行测评，能够在尽可能排除其他干扰因素的情
况下，反映在目前教育体系下各地区海洋知识和态度的差异情况，
也能够代表各地区民众的海洋意识状况。

2. 数据采集方式

（1）线上数据采集。线上数据采集主要基于"关键词"的方式获取数据。首先，为指标体系中每个三级指标选择若干关键词，这些关键词要能够反映三级指标中的重要内容，并且通俗易懂，最终选择的关键词如表 2 所示。然后，以关键词为基础获取搜索引擎用户搜索数据、微博评论数据以及新闻评论数据，具体获取方法如下：

① 搜索引擎用户搜索数据。根据选定的关键词在百度指数中进行检索，将时间段限定为 2015 年 7 月 1 日至 2016 年 6 月 30 日，获取这一时间段中全国各个省级行政单位每天的搜索指数。

② 微博评论数据。根据选定的关键词在微博搜索中进行检索，将时间段限定为 2015 年 7 月 1 日至 2016 年 6 月 30 日，获得这一时间段微博搜索返回的所有结果（最多返回 50 页）。然后提取返回结果中每条微博的评论数量，按照评论数量将微博降序排序，选择评论数量最多的若干条微博。最后利用微博应用程序编程接口（API，Application Programming Interface）获取这些微博的评论数据。

③ 新闻评论数据。根据选定的关键词在百度搜索中进行检索，将时间段限定为 2015 年 7 月 1 日至 2016 年 6 月 30 日，并将"站内搜索"设置为新浪新闻，检索获得相关度最高的若干新闻。然后提取这些新闻的链接，获取其新浪新闻页面，并进一步获取

其评论数量信息，按照评论数量将新闻降序排序，选择评论数量最多的若干新闻。最后获取这些新闻对应的所有评论数据。

最终，共采集到约 400 万条数据。其中百度指数数据约 240 万条、微博评论数据约 100 万条、新闻评论数据约 60 万条。

表2　三级指标对应的关键词

三级指标	关键词
海洋地质地理	巴拿马运河、北冰洋、波斯湾、渤海、大陆漂移、大西洋、东海、黄海、马六甲海峡、南海、南沙群岛、太平洋、西沙群岛、印度洋
物理海洋	潮汐、厄尔尼诺、海浪、海水的密度、拉尼娜、洋流
海洋化学	反渗透技术、海水淡化、海盐、可燃冰、锰结核（多金属结核）、溴
科学考察	大洋一号、海龙号、蛟龙号、南极泰山站、雪龙号、远望号、长城站
科研成果	反渗透法、海洋大学、遥感技术
环境污染与防治	赤潮、海水污染、海洋污染
生态破坏与保护	红树林、人工鱼礁、珊瑚礁、休渔
海洋灾害状况	风暴潮、海啸、寒潮、飓风、离岸流、台风
灾害预警与防护	海平面上升、印度尼西亚海啸
海难事故	沉没、触礁、东方之星、搁浅、古斯特洛夫号、泰坦尼克号
救生措施	救生舱、救生船、救生筏、救生衣
经济概况	滨海旅游、海洋经济、渔业、造船业
海洋产业	滨海旅游区、海水淡化、海洋工程、盐业
物质产品消费	海产品、海水珍珠、海鲜、海鲜大排档
非物质消费	海岛旅游、海南旅游、青岛旅游、三亚旅游、厦门旅游、舟山旅游
空间资源	海岸线、海岛、海湾、海域、湿地
生物资源	带鱼、海带、海苔、南极磷虾、鱿鱼、紫菜
矿产资源	海洋石油、可燃冰、锰结核（多金属结核）
可再生能源	波浪能、潮汐能、海浪能、可再生能源

三级指标	关键词
海洋空间开发	迪拜人工岛、人工岛、棕榈岛
海洋生物及医药资源开发技术	海参、乌贼骨、鱼肝油
矿产资源开发与海洋工程技术	港口、海底隧道、海上钻井平台、跨海大桥、中海油、海洋工程
海水综合利用与海洋能	海水淡化设备、海水稻、海水晶、海水淡化
世界航海史	达·伽马、发现新大陆、哥伦布、好望角、麦哲伦、南极探险
我国重大海洋活动	甲午海战、罗盘、下南洋、徐福、郑和、郑和下西洋、指南针
海上丝绸之路	瓷器、海上丝绸之路、泉州、丝绸
海神信仰	海神、龙王庙、妈祖、水阙仙班、四海龙王、波塞冬
节庆文化	开渔节、青岛海洋节、世界海洋日、中国航海日
文学作品	八仙过海、观沧海、海底两万里、精卫填海、浪淘沙、北戴河、鲁滨孙漂流记、面朝大海
艺术创作	大海啊故乡、海贼王、南海风云、外婆的澎湖湾、我爱这蓝色的海洋、悉尼歌剧院
非物质文化遗产保护	海洋传说、龙的传说、哪吒闹海
物质文化遗产保护	大沽口炮台、南澳一号、南海一号、致远舰、中山舰
学校教育	大连海事大学、海洋大学、海洋知识竞赛、中国海洋大学
社会教育	海洋公园、海洋馆、海洋世界、文化馆
宣教活动	开渔节、游艇展
国际条约	波茨坦公告、开罗宣言、联合国海洋法公约、南极条约
国际活动	北极理事会、国际海事组织、国际海洋法法庭
国家管辖海域	东海大陆架、领海基线、南海岛礁、南海地图、专属经济区
国家管辖范围以外海域	北极、公海、南极
外交政策与主张	搁置争议、南海各方行为宣言、南海宣言、一带一路

三级指标	关键词
外交事件	钓鱼岛、钓鱼岛国有化、钓鱼岛争端、黄岩岛事件、南海、南海仲裁案
军事力量	北海舰队、东海舰队、海军、航空母舰、护卫舰、辽宁号、南海舰队、潜艇、驱逐舰、三大舰队、巡洋舰、中国海军
军事行动	东海军演、海军演习、黄海军演、南海军演、亚丁湾护航
法律法规	港口法、海岛保护法、海洋环境保护法、海域使用管理法、渔业法
守法行为	保护海洋、海砂、红珊瑚
管理机构	国家海洋局、国家海洋信息中心、海事局、海洋局
管理活动	海洋环境保护、海域使用论证、海域使用权

（2）线下数据采集。线下数据采集主要通过北京大学 2016 级刚入学大学一年级新生完成。由于新生刚入学，保留了高中生的属性，且能够进入北京大学学习的同学原高中多为省级或者国家级重点高中。因此对于每个生源地省份选取若干北京大学 2016 级大学一年级新生，通过这些新生找到原高中班级的学生，每个省份获取 50 余份问卷，实际共获取 2085 份作答问卷。通过剔除无效问卷，最终获得 1490 份有效问卷。国民海洋意识调查的重点在于考察各省份间的差异性及变化情况，调查对象的同质性较为重要，选择的高中生样本能较好地反映各个省份海洋意识的差异状况。同时作为四大数据之一，能够对海洋意识的综合评价起到补充完善的作用。

3. 海洋意识发展指数计算方式

（1）各数据源三级指数得分如下：

搜索引擎用户搜索数据：每个关键词对应了各个省份 2015 年 7 月 1 日至 2016 年 6 月 30 日期间每天的搜索指数，计算各省份平均每天的搜索指数，再除以各个省份的网民数量，得到人均搜索指数，使用"Z-Score"规范化方法将各个省份的搜索数量标准化得到 c。

微博和新闻评论数据：每个关键词对应了若干微博或者新闻，将这些微博或新闻的用户评论作为一个集合，计算该集合中各个省份的评论数量，用评论数量除以各个省的网民数量，得到人均评论数，使用"Z-Score"的方法将各个省份的评论数量标准化得到 c。

对于搜索、微博和新闻数据，将标准化的数值 c 线性变换到 $[0, 1]$ 区间得到 s。每个三级指标对应若干关键词，计算各关键词得分的均值即得到三级指标指数得分，其取值在 $[0, 1]$ 区间，记为 s_{ijkp}，其中 i 表示一级指标，j 表示二级指标，k 表示三级指标，$p \in [1, 3]$ 表示数据源。

对于问卷数据，将每个三级指标的得分映射到 $[0, 1]$ 区间，即：将三级指标对应题目的实际得分除以对应题目的总分，记为 s_{ijkp}，其中 i 表示一级指标，j 表示二级指标，k 表示三级指标，$p = 4$ 表示数据源。

（2）三级指标综合得分。对四种数据源的三级指数得分进行加权求和，得到三级指数综合得分，各数据源权重相等均为1/4。

即：$s_{ijk} = \sum_{p=1}^{4} \dfrac{s_{ijkp}}{4}$

（3）国民海洋意识发展指数得分。设 A_i 为加权后的一级指数得分，A_{ij} 为加权后的二级指数得分，A_{ijk} 为加权后的三级指数得分，w_{ijk} 为三级指数的权重，l_i 为 A_i 下二级指标个数，l_{ij} 为 A_{ij} 下三级指标个数，则国民海洋意识发展指数得分的计算公式为

$$MAI = \sum_{i=1}^{4} A_i = \sum_{i=1}^{4} \sum_{j=1}^{l_i} A_{ij} = \sum_{i=1}^{4} \sum_{j=1}^{l_i} \sum_{k=1}^{l_{ij}} A_{ijk} = \sum_{i=1}^{4} \sum_{j=1}^{l_i} \sum_{k=1}^{l_{ij}} w_{ijk} s_{ijk}$$
$$= \sum_{i=1}^{4} \sum_{j=1}^{l_i} \sum_{k=1}^{l_{ij}} w_{ijk} \sum_{p=1}^{4} \dfrac{s_{ijkp}}{4}$$

对公式进行转换可得到：

$$MAI = \frac{1}{4} \sum_{p=1}^{4} \sum_{i=1}^{4} \sum_{j=1}^{l_i} \sum_{k=1}^{l_{ij}} w_{ijk} s_{ijkp}$$

也就是说国民海洋意识发展指数的得分等价于：将各数据源分别计算海洋意识指数得分，再将各数据源计算得分求均值。

第三章　总指数评估分析

在国民海洋意识评价指标体系的基础上，根据预先制定的数据采集策略，收集搜索引擎用户搜索数据、微博和新闻评论数据、问卷调查数据，并依据指标测算方法，计算得到了 2015 至 2016 年度除港、澳、台以外的 31 个省（区、市）国民海洋意识发展指数。

第一节　总体评估结果

从总体得分来看，本次测算的各省（区、市）海洋意识发展指数的平均指数值为 60.02，仅前十名达到平均水平，各地指数值差异悬殊。排名最高的为北京，指数值为 84.01，比排名最低的西藏的得分（53.06）高出近 60%。各省（区、市）海洋意识发展指数详细测算结果如表 3 所示。从表中可以看出：北京指数值最高，并且远高于其他省（区、市）；上海和天津的指数得分也相对较高，均超过 70；海南、浙江、江苏、山东、广东、四川、福建的指数得分均在 60~70 之间；其余 21 个省（区、市）的海洋意识发展指数都在 50~60 之间，新疆、青海、西藏的指数值最低，约为 53。从各省（区、市）海洋意识指数得分的分布可以看出，少量省（区、市）的海洋意识指数分布在高分区域且较为稀疏，大量省（区、市）的海洋意识指数分布在低分区域且较为密集，反映出我国各省（区、市）的海洋意识水平较不均衡。

表3　国民海洋意识发展指数及排名

排名	省（区、市）	指数值	排名	省（区、市）	指数值	排名	省（区、市）	指数值
1	北京	84.01	11	湖北	59.88	21	江西	57.33
2	上海	73.84	12	辽宁	59.72	22	河北	57.16
3	天津	71.57	13	重庆	59.71	23	湖南	57.03
4	海南	66.10	14	陕西	59.11	24	宁夏	56.76
5	浙江	62.99	15	广西	58.70	25	云南	56.01
6	江苏	60.88	16	黑龙江	58.61	26	贵州	55.77
7	山东	60.77	17	吉林	58.32	27	内蒙古	55.43
8	广东	60.62	18	安徽	58.06	28	甘肃	55.34
9	四川	60.49	19	山西	57.89	29	新疆	53.92
10	福建	60.28	20	河南	57.62	30	青海	53.78
						31	西藏	53.06

第二节　地域变化趋势

地域分布上，我国海洋意识发展指数总体上呈现由沿海到内陆依次递减的趋势，但四川、河北等少数省份较为特殊。从表3中还可以看出，排名前10位的省（市）中，除北京、四川不直接临海，其余均为沿海省（市）。因此，不同地域海洋意识的强弱可能有所不同，并存在一定规律。为此，依据海洋意识发展指数排名,将各省(区、市)分为 3 个区段,并在地图中展示,结果如图 3 所示。图中绿色部分为排名 1~10 位的省(市),在这些省(市)中,除四川远离海洋之外,其他省(市)均直接临海或者离海很近,包括北京、上海、天津、海南、浙江、江苏、山东、广东、福建。图中黄色部分为排名 11~21 位的省(区、市),在这些省(区、市)中,除辽宁、广西为沿海省(区)外,其他均为内陆省(区、市),主要分布在东北和中部地区,包括湖北、重庆、陕西、黑龙江、吉林、安徽、山西、河南、江西。图中红色部分为排名 22~31 位的省(区),在这些省(区)中,除河北省为沿海省份外,其余均为内陆省(区),离海较远,主要分布

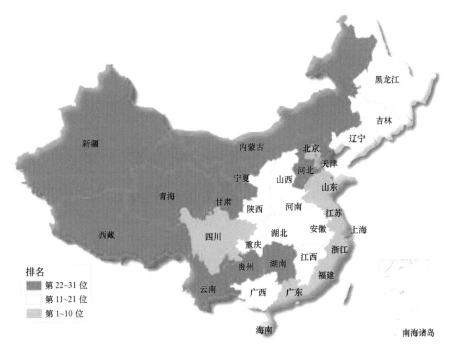

图 3 国民海洋意识发展指数地区分布

在西部地区，包括湖南、宁夏、云南、贵州、内蒙古、甘肃、新疆、青海、西藏。从海洋意识强弱的区域分布可以看出，我国海洋意识发展指数总体上呈现由沿海到内陆依次递减的趋势。离海洋越近，民众的海洋意识越强烈，如上海、天津和海南等；离海洋越远，则民众的海洋意识越薄弱，如新疆、青海、西藏等。此外，也有个别省份表现异常，如四川远离海洋，但民众的海洋意识较为强烈；而河北直接临海，但民众的海洋意识却较为薄弱。

第三节　海洋经济影响

与海洋距离的远近一定程度上解释了沿海与内陆地区国民海洋意识发展指数的差异，海洋经济的发展水平则是影响沿海省份之间海洋意识差异的重要因素。表4给出了沿海省（区、市）2015年海洋生产总值占地区生产总值的比重以及人均海洋生产总值。从表中可以看出，上海、天津和海南的海洋生产总值占地区生产总值的比重较高，分别达到26.0%、30.0%、25.0%。并且上海、天津的人均海洋生产总值也是最高，分别达到2.68万和3.27万。与此同时，上海、天津和海南的海洋意识发展指数也较高，分别为73.84、71.57和66.10。可见民众的人均海洋生产总值越高、海洋经济收入所占比重越高，其海洋意识也就越强。在沿海省（区、市）中，广西、河北两省（区）的海洋生产总值占地区生产总值的比重最小，分别为 6.50% 和 7.0%；其人均海洋生产总值也是最小，分别为 0.23 万和 0.28 万。与之对应，其海洋意识发展指数在沿海地区也最低，分别为 58.70 和 57.16。为了更加直观地展示海洋经济与海洋意识的相关性，图 4 和图 5 分别画出了海洋生产总值占地区生产总值比重与海洋意识发展指数、人均海洋生产总值与海洋意识发展指数的散点图。从图中可以看出，随着海洋生产总值比重的增加、人均海洋生产总值的增加，海洋意识总体上也呈现出上升趋势，其相关系数分别为 0.80 和 0.88，达到高度相关水平。

表 4　海洋经济与海洋意识

沿海省 (区、市)	2015 年海洋生产总值占地区生产总值比重（%）	2015 年人均海洋生产总值（万元）	海洋意识发展指数
上海	26.0	2.68	73.84
天津	30.0	3.27	71.57
海南	25.0	1.03	66.10
浙江	14.0	1.09	62.99
江苏	8.0	0.70	60.88
山东	18.0	1.16	60.77
广东	17.0	1.15	60.62
福建	23.0	1.57	60.28
辽宁	14.0	0.92	59.72
广西	6.5	0.23	58.70
河北	7.0	0.28	57.16

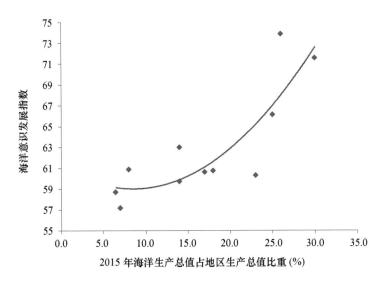

图 4　海洋生产总值占地区生产总值比重与海洋意识的关系

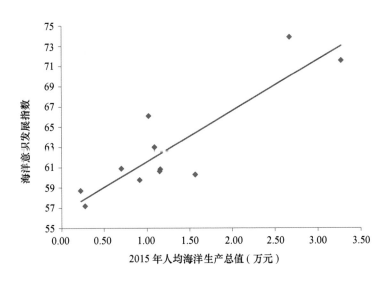

图 5　人均海洋生产总值与海洋意识的关系

　　经济是基础，政治是经济的集中表现，文化是经济和政治的反映。海洋经济能够影响到民众的海洋经济意识，进而影响到政治意识和文化意识。海南和河北的人均地区生产总值相差不大，分别为 41 006 元和 40 366 元（2015 年），然而由于两者的海洋生产总值所占比重存在很大不同，前者几乎是后者的 4 倍，一定程度上解释了两省海洋意识的巨大差异。对于海南而言，海洋相关的旅游、养殖等产业带动了大量就业，直接拉近了民众与海洋的距离，民众关心海洋、认识海洋、经略海洋的意识较为强烈。而对于以钢铁、水泥、玻璃等为支柱产业的河北，多数民众的日常工作与海洋缺乏直接联系，这在一定程度上解释了为何河北作为沿海省份但海洋意识发展指数排名却相对靠后。

第四章　分指数评估分析

国民海洋意识评价指标体系由海洋自然意识、海洋经济意识、海洋文化意识和海洋政治意识四个一级指标组成，本章从这四个一级指标测算得到的分指数出发，分析我国各省（区、市）在海洋自然、经济、文化、政治四个方面的意识状况。表 5 为四个分指数的评分及排名结果，其中第一列中的省（区、市）按照总指数的排名顺序进行排列。

表 5　海洋意识分指数及排名

省 （区、市）	海洋自然 意识指数		海洋经济 意识指数		海洋文化 意识指数		海洋政治 意识指数	
	排名	评分	排名	评分	排名	评分	排名	评分
北京	1	21.58	1	16.74	1	19.92	1	25.76
上海	2	18.96	3	14.62	2	17.57	2	22.69
天津	3	18.33	2	14.67	3	17.09	3	21.47
海南	4	16.69	4	13.24	4	16.15	4	20.02
浙江	5	16.04	5	12.58	5	15.45	5	18.91
江苏	9	15.43	7	12.05	8	14.88	6	18.53
山东	10	15.39	6	12.25	13	14.71	7	18.42
广东	6	15.70	9	11.85	10	14.78	9	18.29
四川	8	15.62	13	11.66	6	14.89	8	18.31
福建	7	15.65	12	11.71	9	14.79	11	18.12
湖北	14	15.10	11	11.77	11	14.76	10	18.25
辽宁	12	15.24	8	11.98	14	14.69	15	17.82
重庆	11	15.35	15	11.56	7	14.88	12	17.92
陕西	17	14.79	10	11.83	12	14.74	16	17.74
广西	13	15.11	20	11.28	18	14.42	13	17.89

39

续表

省 （区、市）	海洋自然 意识指数		海洋经济 意识指数		海洋文化 意识指数		海洋政治 意识指数	
	排名	评分	排名	评分	排名	评分	排名	评分
黑龙江	16	14.85	19	11.34	15	14.59	14	17.82
吉林	18	14.76	14	11.63	17	14.47	20	17.46
安徽	15	14.87	21	11.26	22	14.26	17	17.67
山西	19	14.69	18	11.34	21	14.32	18	17.54
河南	23	14.50	17	11.36	16	14.48	21	17.29
江西	22	14.52	22	11.22	20	14.35	22	17.24
河北	26	14.15	16	11.39	24	14.12	19	17.50
湖南	20	14.66	23	11.10	26	14.08	23	17.18
宁夏	25	14.19	24	11.03	19	14.39	24	17.15
云南	21	14.53	27	10.79	25	14.08	28	16.60
贵州	24	14.21	25	10.85	27	13.91	25	16.80
内蒙古	27	14.01	26	10.82	28	13.90	26	16.71
甘肃	28	13.98	28	10.66	23	14.14	29	16.56
新疆	29	13.91	29	10.62	31	13.15	30	16.24
青海	30	13.74	30	10.44	29	13.61	31	15.98
西藏	31	13.00	31	10.15	30	13.21	27	16.70

第一节 分指数对比分析

分析显示，各分指数与总指数高度相关，且四个分指数的排名存在地区高水平均衡和低水平均衡现象。观察表5可以发现，分指数的排名与总指数的排名较为类似。北京、上海、天津、海南、浙江四个分指数的排名稳居前 5 位，与总指数几乎完全相同；西藏、青海、新疆、甘肃、内蒙古等省（区、市）的排名靠后，与总指数的相似性也很高。为更加定量地描述这种相似性，计算总指数、分指数排名间的相关系数，结果如表 6 所示。总指数排名与四个分指数排名的相关性非常高，其相关系数均在 0.96 以上；四个分指数之间的相关性也很高，相关系数均在 0.9 以上。这一结果反映出各省（区、市）海洋自然、海洋经济、海洋文化、海洋政治意识高度相关，它们之间相互影响、相互促进，共同决定了国民的海洋意识状况。海洋自然是前提，海洋经济是基础，海洋政治是海洋经济的集中体现，海洋文化是海洋经济和海洋政治的反映，因此四者是相互依赖、相互促进的关系，其排名的高相关性也就容易被理解了。

表 6 总指数与分指数排名间的相关系数

	总指数排名	海洋自然意识排名	海洋经济意识排名	海洋文化意识排名	海洋政治意识排名
总指数排名	1.00	0.98	0.97	0.96	0.98
海洋自然意识排名	0.98	1.00	0.91	0.93	0.96
海洋经济意识排名	0.97	0.91	1.00	0.92	0.94
海洋文化意识排名	0.96	0.93	0.92	1.00	0.94
海洋政治意识排名	0.98	0.96	0.94	0.94	1.00

虽然各省（区、市）的分指数排名相关度高，但是也存在一

定的差异，图6给出了各省（区、市）四个分指数排名的极值差，即各省（区、市）四个分指数排名最大值减去排名最小值。极值差越小，反映该省（区、市）各方面海洋意识水平发展越均衡；反之，海洋意识水平发展越存在"偏科"现象。从图中可以看出，极值差在0~10之间变动，北京、海南、浙江分指数的极值差最小，均为0，而河北的极值差最大，取值为10。依据极值差，将31个省（区、市）划分为"均衡型""良好型"和"失衡型"。均衡型省（区、市）极值差在［0，3］区间内，包括北京、海南、浙江、上海、天津、江西、内蒙古、新疆、青海、江苏、山西、贵州共12个省（区、市）。良好型省（区）极值差在［4，6］区间内，包括广东、湖北、西藏、福建、黑龙江、吉林、湖南、宁夏、甘肃共9个省（区）。失衡型省（区、市）极值差在［7，10］区间内，包括山东、四川、辽宁、陕西、广西、安徽、河南、云南、重庆、河北共10个省（区、市）。在失衡型省（区、市）中，河北的排名极值差最大，其民众的海洋经济意识相对突出，但海洋自然意识较为落后；重庆的排名极值差紧随其后，其民众的海洋文化意识相对突出，得分高于多数内陆地区，但其海洋经济意识发展相对滞后。在失衡型省份中，沿海地区更"偏科"于海洋经济意识，如河北、山东、辽宁。此外，图中绿色部分代表总指数排名1~10的省（市），黄色部分代表总指数排名11~21的省（区、市），红色部分代表总指数排名22~31的省（区）。可以发现，均衡型省（区、市）中，多为排名第一和第三梯队的省（区、市），北京、海南、浙江、上海、天津、江苏海洋意识发展指数位于第一梯队，为高水平均衡省（区、市）；内蒙古、新疆、青海、贵州海洋意识发展指数位于第三梯队，为低水平均衡省（区）。在失衡型省（区、市）中，多为排名第二梯队的省（区、市），包括辽宁、陕西、广西、安徽、河南和重庆。

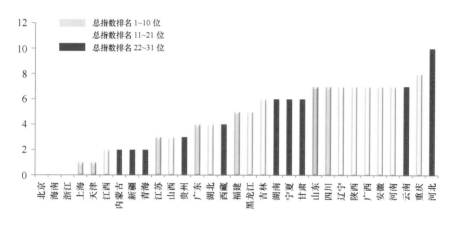

图6　各省（区、市）分指数排名极值差

第二节　海洋自然意识

　　海洋自然意识涉及海洋地质、地理、物理、化学、科学考察、科研成果、环境污染与防治、生态破坏与保护、灾害状况、灾害预警与防护、海难事故、救生措施等诸多方面，是民众了解和认识海洋的最直观感受。图7为各省（区、市）海洋自然意识状况在地图中的可视化展示。图中绿色部分为海洋自然意识排名前10位的省（市），依次为北京、上海、天津、海南、浙江、广东、福建、四川、江苏、山东，其中，除四川外，其余省（市）均直接临海或离海很近。图中黄色部分为海洋自然意识排名第11～21位的省（区、市），依次为重庆、辽宁、广西、湖北、安徽、黑龙江、陕西、吉林、山西、湖南、云南，其中，除辽宁和广西为沿海省（区）外，其余均为内陆省（区、市）。图中红色部分为海洋自然意识排名第22～31位的省（区），依次为江西、河南、

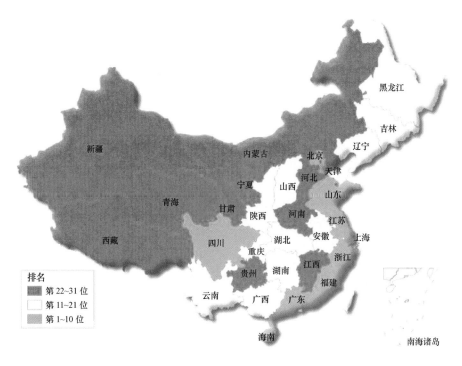

图7　各省（区、市）海洋自然意识状况

贵州、宁夏、河北、内蒙古、甘肃、新疆、青海、西藏，其中，除河北为沿海省份外，其余均为内陆省（区），且绝大多数位于远离海洋的西部地区。与总指数排名相比，云南、湖南的海洋自然意识进入第二梯队，江西、河南的海洋自然意识落入第三梯队，其余省（区、市）没有变化。从排名的变化来看，离海洋较远的云南、湖南海洋意识相对总指数排名更靠前，而离海洋较近的江西、河南相对总指数排名靠后，原因可能是部分离海洋较远省（区、市）的民众对海洋自然更为向往，其海洋自然意识也相对靠前。

第三节 海洋经济意识

海洋经济意识涉及海洋相关的经济概况、海洋产业、物质产品消费、非物质消费、空间资源、生物资源、矿产资源、可再生能源、海洋空间开发、海洋生物及医药资源开发技术、矿产资源开发与海洋工程技术、海水综合利用与海洋能等诸多方面，是民众利用海洋、开发海洋的认识。图8为各省（区、市）海洋经济意识状况在地图中的可视化展示。图中绿色部分为海洋经济意识排名前10位的省（市），依次为北京、天津、上海、海南、浙江、山东、江苏、辽宁、广东、陕西，其中，除陕西外，其余省（市）均直接临海或离海很近。图中黄色部分为海洋经济意识排名第 11~21 位的省（区、市），依次为湖北、福建、四川、吉林、重庆、河北、河南、山西、黑龙江、广西、安徽，其中，除福建、河北和广西为沿海省（区）外，其余均为内陆省（区、市）。图中红色部分为海洋经济意识排名第 22~31 位的省（区），依次为江西、湖南、宁夏、贵州、内蒙古、云南、甘肃、新疆、青海、西藏，这些省（区）均位于内陆，其中，除湖南、江西位于中部地区外，其余省（区）均位于远离海洋的西部地区。与总指数排名相比，辽宁、陕西的海洋经济意识进入第一梯队，福建、四川的海洋经济意识落入第二梯队，河北的海洋经济意识进入第二梯队，江西的海洋经济意识落入第三梯队。作为沿海省份，辽宁和

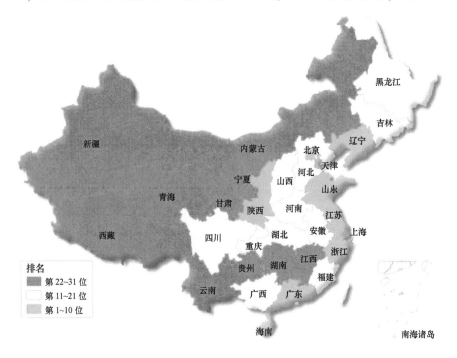

图 8　各省（区、市）海洋经济意识状况

河北民众对海洋经济更为重视，因而海洋经济意识相对总指数排名更为靠前；而作为内陆省份的四川、江西，海洋经济离民众生活相对较远，因而其海洋经济意识相对总指数排名更靠后。

第四节　海洋文化意识

海洋文化意识涉及世界航海史、我国重大海洋活动、海上丝绸之路、海神信仰、海洋相关的节庆文化、文学作品、艺术创作、非物质文化遗产保护、物质文化遗产保护、学校教育、社会教育、宣教活动等诸多方面，是民众对海洋历史、民俗、文艺、海洋教育、海洋文化遗产保护的认识。图9为各省（区、市）海洋文化意识状况在地图中的可视化展示。图中绿色部分为海洋文化意识排名前10位的省（市），依次为北京、上海、天津、海南、浙江、四川、重庆、江苏、福建、广东，其中，除四川、重庆外，其余省（市）均直接临海或离海很近。图中黄色部分为海洋文化意识排名第11~21位的省（区），依次为湖北、陕西、山东、辽宁、黑龙江、河南、吉林、广西、宁夏、江西、山西，其中，除山东、辽宁和广西为沿海省（区）外，其余均为内陆省（区）。图中红色部分为海洋文化意识排名第22~31位的省（区），依次为安徽、甘肃、河北、云南、湖南、贵州、内蒙古、青海、西藏、新疆，其中，除河北直接临海，安徽、湖南位于中部地区外，其余省（区）均位于远离海洋的西部地区。与总指数排名相比，山东的海洋文化意识落入第二梯队，重庆的海洋文化意识进入第一梯队，安徽落入第三梯队，宁夏进入第二梯队。山东作为沿海大省，其海洋文化意识排名相对靠后较为令人意外。由于指标体系中海洋文化意识涉及面极广，包括世界航海史、海洋文学、海洋艺术创作等诸多方面，而这样一些指标与本地海洋文化相关性较小，因而也有可能造成山东海洋文化排名相对靠后。

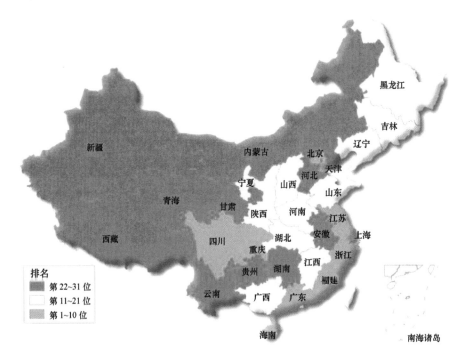

图9　各省（区、市）海洋文化意识状况

第五节　海洋政治意识

海洋政治意识涉及海洋相关的国际条约、国际活动、国家管辖海域、国家管辖范围以外海域、外交政策与主张、外交事件、军事力量、军事行动、法律法规、守法行为、管理机构、管理活动等诸多方面，是民众对维护国家海洋权益、遵守国家海洋管理制度的认识。图10为各省（区、市）海洋政治意识状况在地图中的可视化展示。图中绿色部分为海洋政治意识排名前10位的省（市），依次为北京、上海、天津、海南、浙江、江苏、山东、四川、广东、湖北，其中，除四川、湖北外，其余省（市）均直接临海或离海很近。图中黄色部分为海洋政治意识排名第11~21位的省（区、市），依次为福建、重庆、广西、黑龙江、辽宁、陕西、安徽、山西、河北、吉林、河南，其中，除福建、广西、辽宁、河北为沿海省（区）外，其余均为内陆省（区、市）。图中红色部分为海洋政治意识排名第22~31位的省（区），依次为：江西、湖南、宁夏、贵州、内蒙古、西藏、云南、甘肃、新疆、青海，这些省（区）均位于内陆，其中，除江西、湖南位于中部地区外，其余省（区）均位于远离海洋的西部地区。与总指数排名相比，湖北的海洋政治意识进入第一梯队，福建的海洋政治意识落入第二梯队，河北的海洋政治意识进入第二梯队，江西的海

49

洋政治意识落入第三梯队。在海洋政治意识中，福建排名相对靠后较为令人意外，作为紧邻台湾和南海的沿海省份，福建的战略位置非常重要。其民众应该提高海洋政治意识，守护、保卫我国东南海疆。此外，从用户评论的绝对数量来看，海洋政治相关的新闻评论量最多、微博评论量也处于较高水平，并且在问卷调查中，海洋政治得分也最高。近些年来，我国与周边相关国家海洋权益之争频繁出现在新闻报道之中，这在一定程度上引起了民众对海洋政治的关注，促进了国民海洋政治意识的提升。

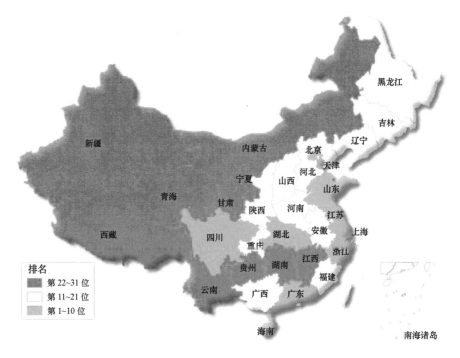

图 10　各省（区、市）海洋政治意识状况

第五章　评估数据源分析

国民海洋意识发展指数的评价采用了多种数据源,包括搜索引擎用户搜索数据、微博评论数据、新闻评论数据和问卷调查数据。多种数据源的采用,避免了单一数据源可能存在的数据采样的偏差,使评价结果更加可靠。同时,不同数据源代表了从不同角度出发观察到的民众海洋意识,使评价结果更加全面。在国民海洋意识发展指数的评价中,问卷调查数据主要从知识和态度角度考察了民众的海洋意识状况,搜索引擎用户搜索数据、微博评论数据、新闻评论数据则主要从态度和行为角度考察了民众的海洋意识状况。本章从不同的数据源出发,分析不同数据源海洋意识状况的评价结果。表7为根据不同数据源计算得到的海洋意识指数及排名,其中第一列中的省(区、市)按照总指数的排名顺序进行排列。

表7 不同数据源海洋意识发展指数及排名

省(区、市)	搜索引擎用户搜索海洋意识指数		微博评论海洋意识指数		新闻评论海洋意识指数		问卷调查海洋意识指数	
	排名	指数值	排名	指数值	排名	指数值	排名	指数值
北京	1	88.62	1	93.59	1	91.04	11	62.78
上海	3	79.90	2	78.25	3	71.06	2	66.15
天津	4	79.71	4	63.93	2	80.63	13	61.99
海南	2	80.04	10	61.89	8	61.02	18	61.45
浙江	5	63.59	3	64.41	9	60.49	8	63.46
江苏	11	57.71	9	61.95	5	62.01	14	61.86
山东	17	56.55	15	58.99	6	61.15	1	66.40

续表

省 （区、市）	搜索引擎用户搜索海洋意识指数		微博评论海洋意识指数		新闻评论海洋意识指数		问卷调查海洋意识指数	
	排名	指数值	排名	指数值	排名	指数值	排名	指数值
广东	27	53.78	5	63.60	4	64.45	23	60.66
四川	12	57.48	6	63.31	11	58.80	12	62.36
福建	7	60.39	7	62.91	16	56.86	22	60.94
湖北	13	57.26	11	61.08	10	59.38	15	61.82
辽宁	15	57.00	13	59.61	12	57.73	6	64.54
重庆	9	59.50	8	62.54	13	57.37	25	59.45
陕西	10	59.41	14	59.13	18	56.73	21	61.15
广西	21	55.89	17	56.50	7	61.13	19	61.27
黑龙江	14	57.01	20	55.65	22	56.13	4	65.63
吉林	8	60.17	22	55.16	17	56.74	20	61.22
安徽	23	55.05	16	57.19	19	56.60	9	63.40
山西	19	56.13	27	53.02	15	57.05	5	65.37
河南	25	54.11	19	55.74	20	56.48	7	64.14
江西	18	56.36	18	56.00	24	55.16	16	61.80
河北	29	52.34	25	53.31	14	57.18	3	65.79
湖南	28	53.04	21	55.40	21	56.34	10	63.32
宁夏	6	60.59	24	54.00	30	53.63	26	58.80
云南	26	53.96	23	54.52	25	55.07	24	60.47
贵州	24	54.80	29	52.79	29	54.01	17	61.50
内蒙古	20	55.98	28	52.80	28	54.27	27	58.67
甘肃	16	56.83	26	53.21	26	55.00	29	56.30
新疆	31	51.57	30	51.65	23	55.19	28	57.27
青海	22	55.64	31	51.62	31	52.31	30	55.52
西藏	30	51.85	12	60.30	27	54.99	31	45.10

第一节 数据源对比分析

各数据源的结果对比表明，由于测量角度不同，各数据源测量结果存在一定差异。观察表 7 可以发现，不同数据源的海洋意识指数排名差距较大，例如北京的搜索引擎用户搜索海洋意识指数、微博评论海洋意识指数、新闻评论海洋意识指数均位居第 1 位，而问卷调查海洋意识指数则位居第 11 位；西藏的搜索引擎用户搜索海洋意识指数位居第 30 位，新闻评论海洋意识指数位居第 27 位，问卷调查海洋意识指数位居第 31 位，而微博评论海洋意识指数则位居第 12 位。为了更加准确地描述各种数据来源海洋意识指数排名的差异性，表 8 计算了总指数与四种数据源指数排名的相关系数。从表中可以看出，总指数排名与新闻评论海洋意识指数排名最为相关，相关系数为 0.92；微博评论海洋意识指数排名与总指数排名相关性紧随其后，相关系数为 0.86；问卷调查海洋意识指数排名与总指数排名的相关性最低，相关系数仅为 0.52。在三种网络数据来源的海洋意识指数排名中，微博评论与新闻评论的排名相关性最大，为 0.79；搜索引擎用户搜索与微博评论和新闻评论的排名相关性较小，分别为 0.59、0.49。在四种数据来源的海洋意识排名中，问卷调查与其他三种数据来源的排名相关性较小，低至 0.17。

55

表8　各评估数据源排名的相关系数矩阵

	总指数排名	搜索引擎用户搜索海洋意识指数排名	微博评论海洋意识指数排名	新闻评论海洋意识指数排名	问卷调查海洋意识指数排名
总指数排名	1.00	0.72	0.86	0.92	0.52
搜索引擎用户搜索海洋意识指数排名	0.72	1.00	0.59	0.49	0.17
微博评论海洋意识指数排名	0.86	0.59	1.00	0.79	0.28
新闻评论海洋意识指数排名	0.92	0.49	0.79	1.00	0.51
问卷调查海洋意识指数排名	0.52	0.17	0.28	0.51	1.00

第二节　搜索引擎用户搜索排名分析

搜索引擎用户搜索海洋意识指数主要评估了民众利用互联网搜索引擎查找获取海洋信息的频繁程度。民众经常性地利用搜索引擎获取海洋信息，反映民众对海洋具有很高的关注度。图11为各省（区、市）搜索引擎用户搜索海洋意识排名状况，图中绿色部分为搜索引擎用户搜索海洋意识指数排名前10位的省（区、市），依次是北京、海南、上海、天津、浙江、宁夏、福建、吉

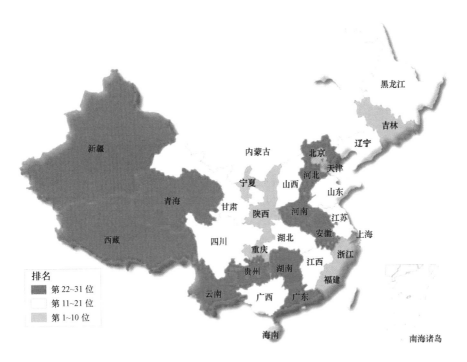

图11 各省（区、市）搜索引擎用户搜索海洋意识状况

林、重庆、陕西，其中，海南、上海、天津、浙江为沿海省
（市），北京、吉林离海较近，宁夏、重庆、陕西位于西部地区，
离海较远。图中黄色部分为搜索引擎用户搜索海洋意识指数排名
第11~21位的省（区），依次为：江苏、四川、湖北、黑龙江、
辽宁、甘肃、山东、江西、山西、内蒙古、广西，其中，江苏、
辽宁、山东、广西为沿海省（区），其他省（区）主要位于中西
部地区。图中红色部分为搜索引擎用户搜索海洋意识指数排名第
22~31位的省（区），依次为青海、安徽、贵州、河南、云南、
广东、湖南、河北、西藏、新疆，其中广东、河北为沿海省份，

安徽、河南、湖南位于中部地区，其他均位于西部地区。从搜索引擎用户搜索海洋意识指数的分布状况来看，总体上沿海地区海洋意识更强烈，离海越远的省（区、市）海洋意识越薄弱。但是这一规律并不是特别显著，例如：辽宁、山东、江苏、广西位于第二梯队，而河北、广东位于第三梯队，宁夏、陕西、重庆则位于第一梯队。一种可能的解释是：沿海省（区、市）的民众对海洋更为了解，掌握的海洋知识更多，因而利用搜索引擎获取一些比较常识性的海洋信息相对没有那么迫切。

第三节　微博评论排名分析

微博是网络中最重要的舆论场所之一，通过分析民众对涉海话题的讨论，可以窥见民众的海洋意识状况。图12为依据微博评论中涉海话题评论数量计算得到的微博评论海洋意识分布状况。图中黄色部分为排名前10位的省（市），它们依次为北京、上海、浙江、天津、广东、四川、福建、重庆、江苏、海南，其中，上海、浙江、天津、广东、福建、江苏、海南均为沿海省（市），北京离海很近，四川、重庆位于西部地区，离海较远。这一结果反映出，绝大多数沿海省（市）及北京热衷于涉海话题的讨论，而处于内陆腹地的四川、重庆民众也非常乐于讨论涉海话题。图中黄色部分为排名11~21位的省（区），它们依次为湖北、西藏、辽宁、陕西、山东、安徽、广西、江西、河南、黑龙江、湖南，其中包含辽宁、山东、广西3个沿海省（区），其余均为内陆省（区），最为引人注意的是西藏，虽然地处青藏高原，但是其微博评论海洋意识指数排名却较为靠前，处于第二梯队中的第2位。图中红色部分为排名22～31位的省（区），依次为吉林、云南、宁夏、河北、甘肃、山西、内蒙古、贵州、新疆、青海，其中，除河北为沿海省份外，其余大多数均位于西部地区。从微博评论海洋意识指数的分布状况来看，沿海地区海洋意识更强烈，内陆地区海洋意识相对薄弱，海洋意识状况呈现出从东到西逐渐递减的趋势。

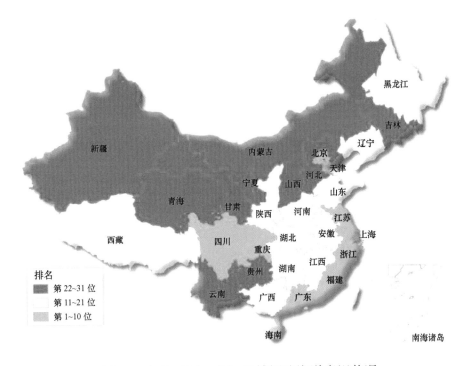

图12 各省（区、市）微博评论海洋意识状况

第四节　新闻评论排名分析

　　网络新闻是民众获取新闻消息的重要途径，参与涉海新闻的讨论能够反映出民众对海洋的关注情况。图13展示了各省（区、市）新闻评论海洋意识状况。图中绿色部分为新闻评论海洋意识指数排名前10位的省（市），依次为北京、天津、上海、广东、江苏、山东、广西、海南、浙江、湖北，其中除湖北位于内陆地区，北京不直接临海但离海很近外，其余均为沿海省（区、市）。图中黄色部分为新闻评论海洋意识指数排名第11～21位的省（市），依次为四川、辽宁、重庆、河北、山西、福建、吉林、陕西、安徽、河南、湖南，其中，辽宁、河北、福建为沿海省份，四川、重庆、陕西位于西部地区，其余均位于中部和东北地区。图中红色部分为新闻评论海洋意识指数排名第22～31位的省（区），依次为黑龙江、新疆、江西、云南、甘肃、西藏、内蒙古、贵州、宁夏、青海，其中，除江西、黑龙江离海距离中等程度以外，其余均为位于远离海洋的西部地区。从新闻评论海洋意识的分布状况来看，各省（区、市）的海洋意识状况也总体上呈现出从东到西逐渐递减的趋势，沿海地区海洋意识更为强烈，内陆地区相对薄弱。

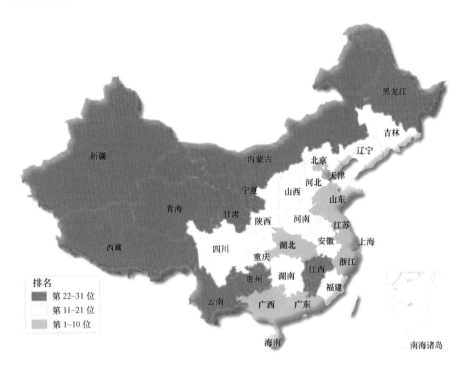

图 13　各省（区、市）新闻评论海洋意识状况

第五节　问卷调查排名分析

1. 总体排名

　　问卷调查主要考察民众涉海的知识和态度，通过问卷调查，能够更加直接地了解到民众的海洋意识状况。图 14 展示了各省（区、市）问卷调查海洋意识状况。图中绿色部分为问卷调查海

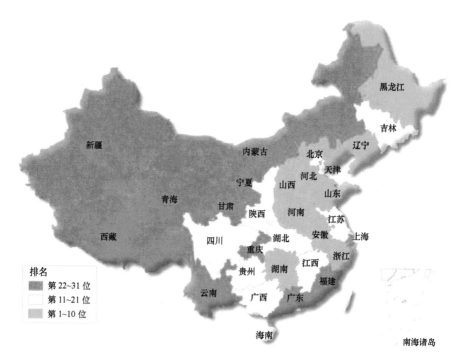

图14 各省（区、市）问卷调查海洋意识状况

洋意识指数排名前 10 位的省（市），依次为山东、上海、河北、黑龙江、山西、辽宁、河南、浙江、安徽、湖南，这些省（市）基本上都位于沿海、中部和东北地区。图中黄色部分为问卷调查海洋意识指数排名第 11～21 位的省（区、市），依次为北京、四川、天津、江苏、湖北、江西、贵州、海南、广西、吉林、陕西，其中，天津、江苏、广西、海南为沿海省（区、市），其余均为内陆省（区、市）。图中红色部分为问卷调查海洋意识指数排名第 22～31 位的省（区、市），依次为福建、广东、云南、重庆、宁夏、内蒙古、新疆、甘肃、青海、西藏，其中，福建、广东为

沿海省份，其余省（区、市）均位于远离海洋的西部地区。从问卷调查海洋意识状况的分布状况来看，各省（区、市）的海洋意识状况也总体上呈现出从东到西逐渐递减的趋势。此外，广东、福建排名位于第三梯队，反映出这两个省份的海洋知识相对较为欠缺。

2. 性别分析

从整体上来看，男性问卷平均得分为 61.66，女性问卷平均分为 60.12，表明男性的海洋意识较女性略强。表 9 给出了问卷调查中男性、女性在二级、三级指标上的平均得分。

海洋自然意识中，男性平均得分 16.47，女性平均得分 16.26，男性得分略高于女性。在二级指标中，男性的海洋科普意识明显强于女性，女性的海洋生态意识、海洋减灾意识略高于男性，而在海洋科研意识方面两者差距较小。

在海洋经济意识中，男性平均得分 15.72，女性平均得分 15.18，男性得分略高于女性。在二级指标中，女性的海洋消费意识更强，男性的海洋资源意识、海洋开发意识更强，而在海洋生产方面男性和女性差距较小。

在海洋文化意识中，男性平均得分 14.03，女性平均得分 14.55，女性得分高于男性。在二级指标中，除海洋历史意识外，其他指标女性的平均得分均高于男性。从这一结果可以看出，女性对海洋文化的理解强于男性。

在海洋政治意识中，男性平均得分 17.04，女性平均得分 15.71，男性得分显著高于女性。在二级指标中，国际规则意识、海洋权益意识、海洋国防意识上男性高于女性，特别是在海洋国防意识上，关于海军舰队的两道题目男性均表现出绝对优势；而在外交政策与主张、海洋法律意识上女性略高于男性。

表 9　问卷调查中一级与二级指标男女平均得分

一级指标男女平均得分	二级指标男女平均得分
海洋自然意识 男：16.47 女：16.26	海洋科普意识 男：4.19；女：3.71
	海洋科研意识 男：1.34；女：1.35
	海洋生态意识 男：5.24；女：5.42
	海洋减灾意识 男：2.44；女：2.57
海洋经济意识 男：15.72 女：15.18	海洋生产意识 男：2.04；女：2.02
	海洋消费意识 男：2.38；女：2.45
	海洋资源意识 男：4.97；女：4.74
	海洋开发意识 男：6.33；女：5.97
海洋文化意识 男：14.03 女：14.55	海洋历史意识 男：4.16；女：4.00
	海洋民俗意识 男：1.24；女：1.43
	海洋文艺意识 男：1.80；女：2.06
	海洋文化遗产保护意识 男：3.13；女：3.19
	海洋教育意识 男：3.71；女：3.87
海洋政治意识 男：17.04 女：15.71	国际规则意识 男：1.42；女：1.05
	海洋权益意识 男：5.21；女：4.83
	外交政策与主张 男：1.54；女：1.59
	海洋国防意识 男：2.55；女：1.87
	海洋法律意识 男：3.38；女：3.45
	海洋管理意识 男：2.95；女：2.93

第六章　区域海洋意识分析

从前面海洋意识分析可以发现，我国国民的海洋意识状况呈现出明显的地域差异。本章从区域的角度出发，对比分析区域间、区域内部的海洋意识状况。按照"十一五"规划区域发展战略提出的四大区域对全国各省（区、市）进行划分，即：东部、中部、西部和东北。其中，东部地区包括北京、天津、河北、上海、江苏、浙江、福建、山东、广东和海南 10 个省（市）；中部地区包括山西、安徽、江西、河南、湖北和湖南 6 个省份；西部地区包括内蒙古、广西、重庆、四川、贵州、云南、西藏、陕西、甘肃、青海、宁夏和新疆 12 个省（区、市）；东北地区包括辽宁、吉林和黑龙江 3 个省份。

第一节　区域间比较

区域对比结果显示，东部地区海洋意识发展水平最高，但内部差异巨大，其他地区总体得分较低且内部差异较小。图 15 为东部、东北、中部、西部四个区域的海洋意识发展指数平均值（图中红色圆圈代表）、最大值（图中蓝色矩形上边代表）、最小值（图中蓝色矩形下边代表）。从图中可以看出，东部地区海洋意识水平最高，平均值为 65.82，远高于其他区域。东北的海洋意识发展指数次之，为 58.88。排在其后的依次是中部和西部地区，分别为 57.97 和 56.51。从区域内各省（区、市）海洋意识的差异情况来看，东部地区差异较大，最大值与最小值相差 26.85。西部地区的差异度其次，最大值与最小值相差 7.43。中部地区和东北地区差异度最小，其最大值与最小值的差值分别为 2.85、1.40。

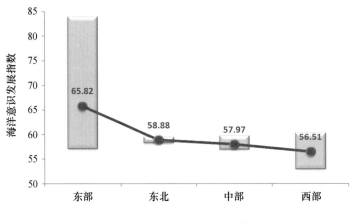

图 15　区域海洋意识发展指数状况

结合数据源来看，四个地区在搜索引擎用户搜索、微博评论和新闻评论数据中的差异模式较为接近，而问卷调查数据则显示东部、东北和中部地区的得分差异较小。图 16 为不同数据来源区域海洋意识的平均指数，从图中可以看出在搜索引擎用户搜索、微博评论和新闻评论中，东部地区的海洋意识水平最高，而在问卷调查中，东北地区的海洋意识水平最高。西部地区在微博评论、新闻评论和问卷调查中的海洋意识水平最低，而中部地区在搜索引擎用户搜索中的海洋意识水平最低。总体来说，东部地区海洋意识更为强烈，西部地区海洋意识较为薄弱。

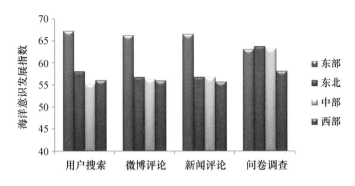

图 16　不同数据源的区域海洋意识发展指数状况

第二节　东部地区

　　表 10 为东部地区各省（市）的海洋意识状况。东部地区除北京不直接临海外，其余均为沿海省（市）。从表中可以看出，东部地区海洋意识水平非常高，除河北总排名位于第 22 位以外，其余省（市）均在前 10 位。河北的总指数排名靠后，主要是由于其民众在网络中不够活跃导致的，河北的搜索引擎用户搜索指数排第 29 位、微博评论指数第 25 位、新闻评论指数第 14 位，然而河北的问卷调查指数却非常好，排第 3 位。这反映出河北民众的涉海知识水平较好，但是在网络中对海洋的关注度较少，无论是搜索海洋相关信息还是参与讨论，均不够活跃。与之形成鲜明对比的是上海，在四种数据源的排名中均稳居第 2 位和第 3 位。

表 10 东部地区海洋意识状况

区域内排名	总排名	省（市）	总指数值
1	1	北京	84.01
2	2	上海	73.84
3	3	天津	71.57
4	4	海南	66.10
5	5	浙江	62.99
6	6	江苏	60.88
7	7	山东	60.77
8	8	广东	60.62
9	10	福建	60.28
10	22	河北	57.16

第三节 东北地区

表 11 为东北地区各省的海洋意识状况。在东北地区中，除辽宁为沿海省份外，其余均为内陆省份。从表中可以看出，在东北地区，辽宁的海洋意识水平最高，其在搜索引擎用户搜索、微博评论、新闻评论、问卷调查的指数排名分别为第 15、13、12、6位，可见其排名相对稳定。黑龙江、吉林的海洋意识水平与辽宁相差不大，总指数差值保持在 1.5 分以内。由此可见东北地区海洋意识水平相对稳定、中庸，且海洋意识水平整体位于中等。

表 11 东北地区海洋意识状况

区域内排名	总排名	省	总指数值
1	12	辽宁	59.72
2	16	黑龙江	58.61
3	17	吉林	58.32

第四节　中部地区

表 12 为中部地区各省的海洋意识状况。从表中可以看出，在中部地区，湖北的海洋意识水平最高，其在搜索引擎用户搜索、微博评论、新闻评论、问卷调查的指数排名分别为第 13、11、10、15 位，可见其排名相对稳定。且作为内陆省份的湖北在全国排名第 11 位，反映出其民众对海洋的关心程度较高。安徽、山西、河南、江西、湖南与湖北的海洋意识水平有一定的差距，且这些省份的排名较为接近。反映出中部地区海洋意识水平整体中等略偏下。

表 12 中部地区海洋意识状况

区域内排名	总排名	省	总指数值
1	11	湖北	59.88
2	18	安徽	58.06
3	19	山西	57.89
4	20	河南	57.62
5	21	江西	57.33
6	23	湖南	57.03

第五节　西部地区

表 13 为西部地区各省（区、市）的海洋意识状况。西部地区中除广西为沿海地区外，其余均为内陆地区。从表中可以看出，在西部地区中，四川的海洋意识水平最高，其在搜索引擎用户搜索、微博评论、新闻评论、问卷调查的指数排名分别为第 12、6、11、12 位，其排名相对稳定且靠前，可见远离海洋的四川民众非常关心海洋。此外，重庆、陕西、广西的排名在西部地区处于较高的水平，在全国中则位于中等略偏上。除此以外的其他西部省（区）的海洋意识排名则靠后，在全国中位居较低水平。

表 13　西部地区海洋意识状况

区域内排名	总排名	省（区、市）	总指数值
1	9	四川	60.49
2	13	重庆	59.71
3	14	陕西	59.11
4	15	广西	58.70
5	24	宁夏	56.76
6	25	云南	56.01
7	26	贵州	55.77
8	27	内蒙古	55.43

区域内排名	总排名	省（区、市）	总指数值
9	28	甘肃	55.34
10	29	新疆	53.92
11	30	青海	53.78
12	31	西藏	53.06

第七章　典型三级指标分析

国民海洋意识评价指标体系由 47 个三级指标构成。本章结合时政热点以及民众关心的热门话题，分别从自然、经济、文化、政治 4 个一级指标下各选 1 个典型的三级指标进行分析，它们分别是生态破坏与保护、非物质消费、海神信仰和国家管辖海域。

第一节　生态破坏与保护

我国海域辽阔、岸线漫长、岛屿众多，拥有丰富的海洋生态系统。南海是全球红树林分布中心之一，生活着中华白海豚、大珠母贝等多种珍稀濒危物种；东海拥有我国最大的河口生态系统，渔业资源达 800 余种；黄海沿岸是我国大型河口和滨海湿地生态系统的分布区，拥有鸭绿江口湿地、苏北浅滩湿地等；渤海沿岸江河纵横，拥有辽河口、黄河口、海河口三角洲湿地。

随着我国社会经济的发展，海洋生态环境承受着日益严重的压力。根据 2015 年的一项监测显示：我国珊瑚礁生态系统呈现较为明显的退化趋势，80% 的河口生态系统海水呈富营养化状态，在各类海洋生态系统中，处于亚健康和不健康状态的生态系统占比高达 76% 和 10%。

为了促进经济和生态环境的和谐发展，党的十八大提出"树立尊重自然、顺应自然、保护自然的生态文明理念"。海洋生态文明作为我国生态文明建设的重要组成部分，得到政府的高度重视。2015 年国家海洋局印发了《国家海洋局海洋生态文明建设实施方案》（2015—2020 年），力求将海洋生态文明建设贯穿于海洋事业发展的各方面。海洋生态文明的建设离不开民众的支持和践行，本节以三级指标"生态破坏与保护"以及部分关键词的搜索指数为分析对象，了解我国各省（区、市）民众对海洋生态破坏与保护的意识状况。

表 14 为"生态破坏与保护"三级指数及排名。表 14 显示，排名前 10 位的几乎都是沿海省（区、市）。在沿海省（区、市）中，海南的"生态意识"最强，位居全国第 2 位；其次是天津、广东和上海，分别位居第 3、第 4、第 5 位；河北的海洋生态意识最差，位居第 29 位。在内陆省（区、市）中，北京的"生态意识"最强，位居全国第 1 位；其次是重庆，位居全国第 7 位；青海、西藏的海洋生态意识最差，位居全国第 30 和第 31 位。

表 14　"生态破坏与保护"三级指数及排名

排名	省 （区、市）	指数值	排名	省 （区、市）	指数值	排名	省 （区、市）	指数值
1	北京	2.30	11	四川	1.71	21	吉林	1.62
2	海南	2.00	12	湖北	1.70	22	陕西	1.60
3	天津	1.95	13	辽宁	1.68	23	江西	1.60
4	广东	1.89	14	江苏	1.67	24	云南	1.59
5	上海	1.89	15	安徽	1.66	25	甘肃	1.57
6	山东	1.79	16	河南	1.63	26	贵州	1.56
7	重庆	1.77	17	黑龙江	1.63	27	宁夏	1.55

排名	省 (区、市)	指数值	排名	省 (区、市)	指数值	排名	省 (区、市)	指数值
8	浙江	1.76	18	山西	1.63	28	新疆	1.53
9	广西	1.75	19	湖南	1.62	29	河北	1.53
10	福建	1.74	20	内蒙古	1.62	30	青海	1.50
						31	西藏	1.42

表 15、表 16 分别为"红树林""人工鱼礁"的搜索指数及排名。在我国，广东、海南的红树林自然保护区数量最多，从表中也可以看出，这两个省份的民众对"红树林"的关注度也最高，分别位居第 1 位和第 2 位。在沿海省（市）中，上海、福建、浙江、江苏、山东对"红树林"的关注度较高；在内陆省（市）中，北京、四川、河南对"红树林"的关注度也较高，这些省（市）均位居前 10 位。在"人工鱼礁"的搜索方面，山东民众对其关注度最高，位居全国第 1 位，随后是广东、浙江两个沿海省份，分别位居第 2 位和第 3 位。在沿海省（区、市）中，海南、广西对"人工鱼礁"的关注度最低。在内陆省（区、市）中，北京、四川的关注度最高。

表 15　"红树林"搜索指数及排名

排名	省（区、市）	搜索指数	排名	省（区、市）	搜索指数	排名	省（区、市）	搜索指数
1	广东	705.36	11	湖北	133.50	21	山西	102.77
2	海南	183.50	12	湖南	123.32	22	云南	91.97
3	北京	180.72	13	河北	119.26	23	黑龙江	90.36
4	上海	173.07	14	陕西	115.19	24	贵州	80.91
5	福建	172.60	15	辽宁	109.90	25	吉林	79.87
6	四川	163.86	16	安徽	109.04	26	内蒙古	79.01
7	浙江	161.37	17	重庆	108.18	27	甘肃	63.49
8	江苏	146.16	18	江西	106.66	28	新疆	57.97
9	山东	143.03	19	天津	105.92	29	宁夏	24.66
10	河南	142.11	20	广西	105.48	30	青海	14.12
						31	西藏	2.83

表 16　"人工鱼礁"搜索指数及排名

排名	省（区、市）	搜索指数	排名	省（区、市）	搜索指数	排名	省（区、市）	搜索指数
1	山东	40.63	11	天津	6.72	21	内蒙古	0.93
2	广东	28.76	12	河南	5.35	22	贵州	0.78
3	浙江	15.86	13	海南	4.88	23	山西	0.78
4	北京	13.89	14	湖北	4.87	24	云南	0.78
5	上海	11.33	15	广西	4.86	25	黑龙江	0.65
6	辽宁	10.57	16	重庆	4.19	26	陕西	0.63
7	江苏	10.56	17	安徽	2.82	27	宁夏	0.17
8	福建	10.54	18	吉林	2.19	28	新疆	0.16
9	四川	6.98	19	江西	1.72	29	甘肃	0.00
10	河北	6.91	20	湖南	1.42	30	青海	0.00
						31	西藏	0.00

在问卷调查中，当问及"是否认同十八大'树立尊重自然、顺应自然、保护自然的生态文明理念'"时，98.05%的受访者表示支持；当问及"是否知道'赤潮'是由什么引起"时，87.72%的受访者表示知道。由此可见，我国民众对生态文明建设理念的认同度高，并对海洋生态环境拥有较好的认知水平。

第二节　非物质消费

随着我国人均国内生产总值（GDP）达到中高收入国家水平以及宏观经济增速的放缓，中国经济进入了转型升级的关键时期。"十三五"期间，我国将由工业主导型经济转向服务业主导型经济，由投资主导型经济转向消费主导型经济，消费结构也将由物质型消费走向服务型消费。消费已经成为我国经济运行中的"顶梁柱"，2015年最终消费支出对GDP的贡献率为66.4%，比上年提高15.4个百分点。在这样的形势下，促进民众消费需求、提高非物质消费水平，有助于我国经济的转型升级。

海洋经济是我国经济的重要组成部分。2015年我国海洋生产总值64 669亿元，占国内生产总值的9.6%，同比增长7.0%，保持略高于同期国民经济增长速度的发展态势。以海洋旅游为代表的海洋非物质消费成为海洋经济发展的重要增长点。2015年我国海洋旅游业实现增加值10 874亿元，比上年增长了11.4%。环渤海湾、长三角、珠三角、海峡西岸、海南五大滨海旅游带正积极拓展滨海旅游新项目，促进海洋旅游产业的发展与升级。为了了解我国民众的海洋非物质消费意识状况，本节对三级指标"非物质消费"以及民众对滨海城市旅游的搜索关注度进行分析。

表 17 为"非物质消费"三级指数及排名。从表中可以看出，北京的排名最高，居第 1 位，反映出北京民众的海洋非物质消费意识强烈。海南、上海、天津、浙江、辽宁、福建、山东、江苏、广东 9 个沿海省（市）的非物质消费意识也较强烈，依次位居前 10 位。总指数排名靠前的四川在"非物质消费"三级指数上的排名靠后，原因可能是四川与海洋相距遥远，海洋非物质消费成本较高，因而民众对其的关注度不高。在内陆地区中，吉林的排名靠前，居第 11 位。虽然吉林地处内陆，但是与海洋距离较近，海洋的非物质消费成本较低，因而民众的意识强烈。在沿海地区中，广西的排名最靠后，居第 25 位。这可能与广西的地理特征相关，广西地处云贵高原东南边缘，以山地为主，经济发展较为落后，民众的海洋非物质消费意识有待进一步提升。

表 17　"非物质消费"三级指数及排名

排名	省（区、市）	指数值	排名	省（区、市）	指数值	排名	省（区、市）	指数值
1	北京	2.02	11	吉林	1.49	21	江西	1.40
2	海南	1.94	12	河北	1.48	22	内蒙古	1.39
3	上海	1.78	13	宁夏	1.47	23	黑龙江	1.39

排名	省（区、市）	指数值	排名	省（区、市）	指数值	排名	省（区、市）	指数值
4	天津	1.77	14	湖北	1.47	24	河南	1.39
5	浙江	1.71	15	安徽	1.47	25	广西	1.38
6	辽宁	1.63	16	重庆	1.46	26	四川	1.38
7	福建	1.60	17	陕西	1.44	27	甘肃	1.36
8	山东	1.58	18	湖南	1.44	28	云南	1.35
9	江苏	1.53	19	新疆	1.41	29	青海	1.34
10	广东	1.52	20	山西	1.41	30	贵州	1.33
						31	西藏	1.32

　　表 18 和表 19 分别为"青岛旅游""三亚旅游"的搜索指数及排名。从表中可以看出，本省居民更热衷于搜索本省的旅游城市，具体表现在山东民众对"青岛旅游"的搜索量极高，海南民众对"三亚旅游"的搜索量高。除此以外，北京、广东、江苏、浙江等经济发达的东部地区对滨海城市旅游关注度较高，反映出经济发达地区民众的非物质消费意识较强烈。而排名后 11 位的省（区、市），几乎都是中西部经济欠发达地区，这些地区消费结构以物质产品消费为主，对非物质消费的需求还不够旺盛，民众的非物质消费意识有待进一步提高。

表18 "青岛旅游"搜索指数及排名

排名	省（区、市）	搜索指数	排名	省（区、市）	搜索指数	排名	省（区、市）	搜索指数
1	山东	565.01	11	辽宁	173.55	21	甘肃	103.54
2	北京	284.76	12	陕西	171.22	22	贵州	97.89
3	广东	275.93	13	天津	168.81	23	湖南	96.22
4	江苏	273.27	14	安徽	168.38	24	新疆	93.30
5	浙江	238.93	15	湖北	165.85	25	内蒙古	85.11
6	河南	233.69	16	黑龙江	150.43	26	广西	75.31
7	河北	227.80	17	吉林	147.71	27	云南	63.11
8	上海	206.43	18	江西	133.35	28	宁夏	61.73
9	四川	174.48	19	福建	131.78	29	青海	47.23
10	山西	174.06	20	重庆	127.17	30	海南	46.59
						31	西藏	19.10

表19 "三亚旅游"搜索指数及排名

排名	省（区、市）	搜索指数	排名	省（区、市）	搜索指数	排名	省（区、市）	搜索指数
1	海南	320.67	11	河北	180.59	21	云南	144.84
2	广东	309.77	12	湖南	174.34	22	贵州	144.31
3	北京	254.59	13	辽宁	168.23	23	江西	143.85
4	四川	239.78	14	安徽	150.24	24	湖北	142.74
5	江苏	235.24	15	黑龙江	149.40	25	重庆	131.44
6	浙江	224.55	16	福建	148.81	26	内蒙古	120.77
7	河南	214.62	17	山西	147.68	27	新疆	117.55
8	上海	194.86	18	天津	145.55	28	甘肃	109.57
9	山东	192.95	19	吉林	145.31	29	青海	66.55
10	陕西	191.41	20	广西	145.23	30	宁夏	61.70
						31	西藏	34.89

第三节　海神信仰

我国有着悠久的海神信仰文化。古代辽东半岛滨海居民崇拜海龟，将它视为保护自己的海神，尊其为"元神"。胶东渔民习惯称鲸为"老人家"，每当见到鲸鱼在海中经过，便赶忙焚香烧纸祭拜。东汉时期佛教传入我国，佛教中统领水域并掌管云雨的龙王成为民众信仰的海神。北宋时期，福建莆田湄洲岛出现了一位对后世影响深远的女子，她就是后来被广为信仰的海上守护女神妈祖。妈祖在我国沿海各地、东南亚国家、日本、韩国等地被广泛信仰。据不完全统计，全球妈祖灵庙五千多座，分布于五大洲 29 个国家，信众达两亿人。

妈祖文化是我国传统文化的瑰宝，是我国海洋文化的重要组成部分，党和国家高度重视妈祖文化的传承和发展。习近平总书记明确指出，妈祖文化是凝聚两岸同胞的一条纽带，要充分发挥其在促进两岸交流合作中的重要作用。李克强总理提出，妈祖文化包含着海洋精神。2009 年"妈祖信俗"被联合国教科文组织列入《人类非物质文化遗产代表作名录》，标志着以"妈祖信俗"为代表的中国海洋文化，正不断得到全世界的认可。本节以三级指标"海神信仰"以及民众对"妈祖"的关注度为分析对象，揭示我国各省份民众对海神信仰的意识状况。

表20为"海神信仰"三级指数及排名，从表中可以看出，排名靠前的省（市）多为沿海省（市），北京、天津、上海、海南、福建5省（市）依次位于前5位，广东位于第7位，江苏、浙江、辽宁分别位于第12、13、14位。在内陆地区，北京得分最高，位居全国第1位，陕西、四川、湖北、重庆、江西、西藏6省（区、市）也位于前15位。

表20　"海神信仰"三级指数及排名

排名	省（区、市）	指数值	排名	省（区、市）	指数值	排名	省（区、市）	指数值
1	北京	1.91	11	江西	1.33	21	吉林	1.27
2	天津	1.66	12	江苏	1.33	22	山西	1.27
3	上海	1.63	13	浙江	1.33	23	湖南	1.27
4	海南	1.51	14	辽宁	1.33	24	宁夏	1.26
5	福建	1.47	15	西藏	1.32	25	山东	1.25
6	陕西	1.37	16	安徽	1.29	26	河南	1.25
7	广东	1.35	17	甘肃	1.29	27	内蒙古	1.24
8	四川	1.34	18	广西	1.29	28	贵州	1.22
9	湖北	1.34	19	黑龙江	1.28	29	云南	1.19
10	重庆	1.33	20	河北	1.28	30	青海	1.17
						31	新疆	1.12

表21为"妈祖"的搜索指数及排名，表22为"妈祖"微博评论数及排名。从表中可以看出，福建作为妈祖信仰的发源地，民众对妈祖的关注度非常高。在搜索指数中，福建位居第2位，

仅次于广东；在微博评论数中，福建位居第 1 位，其评论数量约为第 2 位广东的 2 倍。在我国，台湾、福建、广东的妈祖庙最多，这几个省份民众对妈祖的信仰也最为强烈，从表中的排名可以非常清楚地印证这一点。除此以外，浙江、江苏、山东的排名也均在前 10 位，反映出这 3 个省份对妈祖信仰较高的关注度。在内陆地区，北京、四川也在前 10 位，反映出部分内陆民众受沿海居民的影响，也对妈祖信仰特别关注。

表 21　"妈祖"搜索指数及排名

排名	省（区、市）	搜索指数	排名	省（区、市）	搜索指数	排名	省（区、市）	搜索指数
1	广东	568.83	11	上海	238.21	21	广西	178.96
2	福建	465.18	12	辽宁	230.33	22	云南	171.57
3	山东	432.98	13	陕西	224.13	23	重庆	169.34
4	河北	414.30	14	安徽	219.45	24	内蒙古	166.55
5	河南	405.30	15	湖北	219.22	25	贵州	152.62
6	江苏	381.43	16	湖南	207.43	26	甘肃	150.76
7	浙江	371.88	17	黑龙江	199.97	27	海南	140.13
8	北京	288.19	18	天津	198.39	28	新疆	117.55
9	四川	283.03	19	江西	193.55	29	宁夏	82.36
10	山西	250.52	20	吉林	190.40	30	西藏	54.73
						31	青海	43.05

表22 "妈祖"微博评论数及排名

排名	省（区、市）	评论数量	排名	省（区、市）	评论数量	排名	省（区、市）	评论数量
1	福建	668	11	河南	75	21	云南	29
2	广东	302	12	安徽	52	22	山西	28
3	江苏	283	13	广西	51	23	吉林	25
4	北京	253	14	重庆	49	24	贵州	22
5	上海	176	15	湖南	48	25	内蒙古	22
6	浙江	145	16	陕西	47	26	甘肃	15
7	四川	110	17	河北	46	27	海南	13
8	山东	100	18	天津	42	28	新疆	8
9	辽宁	87	19	黑龙江	34	29	宁夏	6
10	湖北	79	20	江西	34	30	青海	3
						31	西藏	3

第四节 国家管辖海域

1982 年，在牙买加蒙特哥湾召开了第三次联合国海洋法会议，会议通过了《联合国海洋法公约》。公约对内水、领海、毗连区、专属经济区和大陆架等国家管辖海域范围进行了界定，目前已有超过 150 个国家签署并批准了该公约。随着公约的生效，我国管辖海域范围有了国际法律的保障。进入 21 世纪，海洋在政治、军事、外交等舞台上的重要性更加凸显，各国在争夺海洋资源和维护岛屿主权问题上的竞争越来越激烈。周边邻国也纷纷划分专属经济区，并与我国大范围重叠，引发海洋争端不断升温。在此背景下，保护我国海洋领土完整、维护我国海洋权益、提高民众对国家管辖海域的认识日益重要。为此，本节以三级指标"国家管辖海域"、相关新闻评论及问卷调查为分析对象，揭示我国民众对国家管辖海域的认识。

表 23 为"国家管辖海域"三级指数及排名。从表中可以看出，北京、上海、天津、海南、浙江的得分最高，依次位居前五。内陆地区的湖北、重庆、陕西三省（市）得分也较高，位居前十。在沿海省（区）中，河北、广西的得分最低，分别居第 19 和第 22 位。在内陆省（区）中，甘肃、青海、新疆的排名靠后，分别居第 29、第 30、第 31 位。

表 23　"国家管辖海域"三级指数及排名

排名	省 （区、市）	指数值	排名	省 （区、市）	指数值	排名	省 （区、市）	指数值
1	北京	2.22	11	四川	1.46	21	河南	1.40
2	上海	1.96	12	山东	1.45	22	广西	1.39
3	天津	1.79	13	安徽	1.45	23	湖南	1.38
4	海南	1.65	14	山西	1.44	24	江西	1.38
5	浙江	1.54	15	辽宁	1.44	25	内蒙古	1.34
6	江苏	1.52	16	福建	1.44	26	西藏	1.33
7	湖北	1.50	17	黑龙江	1.43	27	云南	1.33

续表

排名	省（区、市）	指数值	排名	省（区、市）	指数值	排名	省（区、市）	指数值
8	重庆	1.49	18	吉林	1.43	28	贵州	1.33
9	广东	1.48	19	河北	1.41	29	甘肃	1.31
10	陕西	1.48	20	宁夏	1.40	30	青海	1.27
						31	新疆	1.26

新闻媒体具有舆论引导的作用，有关海洋国土的新闻报道也是民众的热点话题。近年来，南海局势风云变化，常常引发民众的强烈关注。为此，表24统计了"南海岛礁"相关的各省新闻评论数及排名。从表中可以看出，广东的评论量最大，几乎为处于第2位北京的2倍。江苏、山东、浙江、天津、上海、河北6个沿海省（市）的评论也较多，位居前八。内陆地区的河南、湖北对"南海岛礁"的关注度紧随其后，分别位居第9和第10位。宁夏、青海、西藏的评论数量较低，分别居第29、30、31位。

表24　"南海岛礁"新闻评论数及排名

排名	省（区、市）	评论数量	排名	省（区、市）	评论数量	排名	省（区、市）	评论数量
1	广东	2019	11	四川	405	21	吉林	153
2	北京	1196	12	福建	322	22	黑龙江	124
3	江苏	919	13	辽宁	299	23	云南	107
4	山东	682	14	重庆	290	24	贵州	100

续表

排名	省 (区、市)	评论数量	排名	省 (区、市)	评论数量	排名	省 (区、市)	评论数量
5	浙江	613	15	湖南	267	25	海南	85
6	天津	558	16	安徽	229	26	甘肃	68
7	上海	471	17	广西	217	27	内蒙古	67
8	河北	469	18	陕西	187	28	新疆	56
9	河南	452	19	山西	180	29	宁夏	31
10	湖北	447	20	江西	167	30	青海	21
						31	西藏	21

　　虽然民众对海洋国土争端十分关注，但是民众的知识却较为匮乏。图17为国家管辖海域相关的问卷调查结果。当问及"中国南海诸岛包括哪些部分（四个选项分别是东沙群岛、西沙群岛、中沙群岛、南沙群岛）"时，仅有36.85%的受访者能够完全回答正确。当问及"是否知道专属经济区"时，受访者不知道的占33.38%，知道一点的占50.44%。当问及"哪些属于国家管辖海域（五个选项分别是内水、邻海、毗连区、专属经济区、大陆架）"时，仅20.00%的受访者能够完全回答正确。从这一结果可以发现，民众对我国管辖海域范围及相关重要概念的认识还不够充分，相关知识还有待进一步提高。

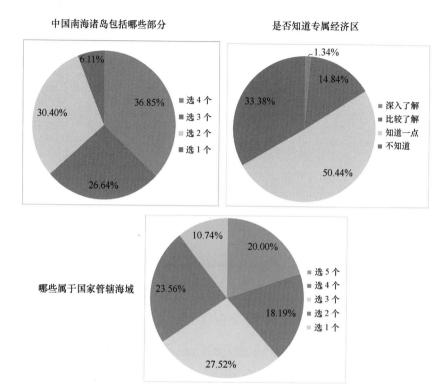

图 17　国家管辖海域问卷调查结果

第八章　主要结论和建议

本章首先对前面各章分析结果进行梳理、总结，明确我国海洋意识的现状和特点，然后在此基础上提出具有针对性的政策建议，以期为我国海洋意识的宣传教育提供有益参考。

第一节　主要结论

（1）从总体评估结果来看，我国海洋意识发展指数得分普遍偏低。

指数的平均得分为 60.02；排名最高的为北京，得分 84.01；排名最低的为西藏，得分仅 53.06；约 2/3 的省（区、市）在及格分数（60）以下。表明我国国民对海洋的关注、了解和实践程度相对较弱，国民海洋意识还有很大的提升空间。

（2）从全国地域范围来看，我国国民海洋意识基本呈现由沿海向内陆逐步递减的趋势。

东部地区的北京以及上海、天津、海南等沿海省（市）海洋意识最强；其次是辽宁、黑龙江等东北地区以及湖北、山西、河南等中部地区；西藏、青海、新疆、云南、贵州等西部省（区）海洋意识最弱。海洋意识的宣传教育工作需要以中部和东北地区为重点，以西部地区为难点，大力促进东、中、西和东北地区海洋意识的平衡发展。

（3）从沿海地区内部来看，海洋意识与海洋经济水平高度相关。

海洋生产总值所占比重与海洋意识发展指数、人均海洋生产总值与海洋意识发展指数的相关系数分别为 0.80 和 0.88。上海、天津的海洋生产总值比重及人均海洋生产总值为沿海省（市）最高，与此同时，其海洋意识发展指数也最高；广西、河北的海洋生产总值比重及人均海洋生产总值最小，其海洋意识发展指数也最低。由此可见，在沿海地区民众的经济生活中，海洋经济的重要性越突出，民众也就越重视海洋，海洋意识也就越高。

（4）从四个分指数来看，海洋自然、经济、文化、政治意识相关性较高，且存在高水平均衡和低水平均衡现象。

四个海洋意识分指数排名之间的相关系数均在 0.9 以上，反映出海洋自然、经济、文化、政治意识相互依存、相互促进的关系。各个省（区、市）分指数排名的极大值与极小值的差值在 [0，10] 之间波动，北京、海南、浙江的排名极值差最小，为 0，河北的排名极值差最大，为 10。在排名极值差较低的省（区、市）中，北京、海南、浙江、上海、天津等省（区、市）海洋意识强烈，为高水平均衡；内蒙古、新疆、青海等省（区、市）海洋意识薄弱，为低水平均衡。海洋意识的宣传教育工作需要从海洋自然、经济、文化、政治 4 个方面全方位地提升低水平均衡省（区、市）的海洋意识水平。

（5）从海洋意识本身来看，我国部分地区国民的海洋意识存在认知水平高、参与程度低的问题。

东北和中部地区民众对海洋知识的了解程度以及认知水平与

东部地区无明显差异，然而在参与程度上，东北及中部民众则与东部地区存在一定差距。具体表现为东部地区民众积极参与网络中涉海问题讨论，而东北及中部地区民众则表现平平。海洋意识宣传教育的目的在于促进民众认识海洋、关心海洋、经略海洋，只有让民众真正参与到海洋相关活动之中，才能达到宣教目的。

（6）从问卷调查来看，我国西部地区民众的海洋知识明显低于东部、中部和东北地区，并且男性、女性在海洋知识方面也存在较明显的差异。

问卷调查主要考察了民众的海洋知识存量，调查结果显示：东部、中部、东北地区民众的海洋知识相差不大，然而西部地区却明显低于前述三个地区，反映出地处内陆腹地的西部地区民众在海洋知识方面的教育有所欠缺。对男性和女性的海洋知识进行分析发现，男性的海洋政治意识显著高于女性，并且男性的海洋自然意识、海洋经济意识也略高于女性，而女性的海洋文化意识则高于男性。此外，在二级指标中，女性的海洋消费意识高于男性，而男性的海洋历史意识高于女性。

第二节　政策建议

（1）多措并举，大力开展海洋意识宣传教育。

提升全民海洋意识是海洋强国和21世纪海上丝绸之路的重要

组成部分，本次研究发现我国海洋意识发展指数得分普遍偏低，且受到地理、经济、社会等因素交织的影响，国民海洋意识提升工作面临错综复杂的环境，需进一步加强海洋意识宣传教育，上下联动，多措并举，提高相关工作的全面性、针对性、灵活性，确保政策措施落到实处。

（2）因地制宜，精准施策推动各地区海洋意识均衡发展。

本次研究表明，各地区的海洋意识发展水平存在较大差异，并且同一地区在海洋意识各分指标上的表现也不尽相同，因此在提升国民海洋意识的具体工作中，对于海洋意识发展水平较高的地区，可着力总结先进经验，提炼出可复制、可推广之通用模式，对于海洋意识发展潜力较大的地区，需要精准识别当地优势与不足，补短板、促发展，结合通用模式与地方特点精准施策，高效推动各地区海洋意识快速发展。

（3）因材施教，建设能够满足不同群体需求的海洋意识培育机制。

研究发现，不同群体的海洋意识发展水平明显不同，如男性与女性的海洋意识存在差异显著等。因此，在海洋意识培育机制的建设过程中，不仅要建立通用的宣传教育模式，还应该根据受众的人口属性、教育水平等因素进行群体细分，进而根据不同群体的特征逐步形成差异化的工作模式，最终建立起全方位的海洋意识培育机制。

（4）善用网络，线上线下结合，全面引导国民海洋意识健康发展。

当前社会治理模式正从线下转向线上线下融合，习近平总书记提出要加快利用网络信息技术推进社会治理，这一背景下，在继续加强线下工作的同时，应加快利用互联网思维及技术提升国民海洋意识。例如，民众对海洋知识的大量搜索表明其对相关信息有强烈的需求，对此，可通过整合高质量海洋信息并优化内容供给模式使民众能够更加便捷地得到权威可靠的信息。同时，可结合互联网传播及网民认知规律，围绕海洋问题，通过适当渠道采取适当手段，传播正能量，消除谣言等负面信息的影响，引导国民海洋意识健康发展。

（5）增强基础，继续完善海洋意识学校教育。

从本研究所用的基础数据中可发现，一方面，我国民众，尤其是内陆地区的民众对于海洋相关的基础知识需求量较大，另一方面，民众对于部分海洋基础知识存在一定误解。其部分原因在于前一阶段的学校教育缺乏对海洋知识的足够重视，为更好地普及正确的海洋知识、消除各类误解，应继续完善海洋意识学校教育，加快推进海洋知识"进教材、进课堂、进校园"，为国民海洋意识的提高打下坚实的基础。

（6）深化研究，持续掌握国民海洋意识发展态势。

随着经济社会的发展以及海洋意识宣传教育工作的深入推进，国民海洋意识将不断演化发展，为及时了解国民海洋意识的发展水平、速度、差异等总体情况，发现其发展过程中面临的新情况、新问题，应继续深化对国民海洋意识的测算评估，探索形成动态监测机制，掌握国民海洋意识的发展趋势，并通过区域、人群间的对比分析，进一步揭示其特征与规律，进而为开展相关工作提供更加科学、及时、有效的数据支撑。

附　录

附录一：国民海洋意识调查问卷

尊敬的先生/女士：

　　您好！首先感谢您的参与。受国家海洋局宣传主管部门委托，北京大学海洋研究院正在开展"国民海洋意识发展指数"研究工作。本调查目的是了解我国国民海洋意识的基本情况。本调查不记名，在研究过程中绝对保密，请您放心作答！问卷填写需15~20分钟。选择无对错好坏之分，您的真实感受就是最好的答案。填答完毕之后，请您确认是否有遗漏。您也可以选择在网络上回答本问卷，网址为：http：//scie. pku. edu. cn/hyys/，再次感谢！

北京大学国民海洋意识发展指数课题组

2016 年 7 月

第一部分 基本信息

1. 您是（　　）：　　A. 男士　　　　B. 女士

2. 您的年龄：＿＿＿＿＿岁

3. 您的受教育程度：（　　）

　　A. 初中及以下　　　　B. 高中、职高、中专

　　C. 大专、本科　　　　D. 研究生及以上

4. 您的籍贯：＿＿＿＿＿（省份）

5. 您的常住地为：＿＿＿＿＿（精确到市）

6. 您的职业：

　　□有（职业为＿＿＿＿＿）　　□ 退休　　□ 学生
　　□ 无

7. 您每月平均收入（单位：元）大约是（　　）

　　A. 小于 1000　　　B. 1000～3000　　　C. 3000～5000

　　D. 5000～10 000　　E. 大于 10 000

第二部分　问卷调研

说明：部分问题专业性较强，如不知道，选择"不知道"即可。

1. （1）您看过电影《泰坦尼克号》吗？（　　）

　　　　A. 看过　　　B. 没看过

　　（2）您知道"泰坦尼克"号游轮沉船的原因吗？（　　）

      A. 知道   B. 不知道

2. 您是否曾有意识地选购过无磷洗涤剂、绿色无公害食品等环保产品，以及做到在海边不乱扔垃圾等环保行为？（   ）

      A. 经常如此   B. 偶尔注意   C. 没有   D. 记不清

3. 您了解妈祖信仰吗？（   ）

      A. 不知道   B. 知道一点但不了解

      C. 比较了解   D. 有比较深入的研究

4. （1）您参加过海洋文化节、开渔节、休渔节等海洋相关节日吗？（   ）

           A. 参加过   B. 没有

      （2）您对参加这类节日感兴趣吗？（   ）

           A. 不感兴趣   B. 感兴趣

5. （1）您参观过海洋馆吗？（   ）

           A. 去过   B. 没去过

      （2）您对参观海洋馆是否有兴趣？（   ）

           A. 感兴趣   B. 没兴趣

6. 您是否经常购买、食用海产品？（   ）

      A. 几乎没有   B. 偶尔   C. 经常

7. （1）过去一年中，您去过滨海城市旅游吗？（   ）

           A. 去过   B. 没去过

      （2）相比内陆城市，您是否更喜欢去滨海城市旅

游？（　　）

　　　A. 是的　　　　B. 不是　　　　C. 无所谓

8. 中国南海诸岛包括哪些部分？（　　）【多选】

　　A. 西沙群岛　　　B. 东沙群岛

　　C. 中沙群岛　　　D. 南沙群岛

9. 您是否认同十八大提出的"树立尊重自然、顺应自然、保护自然的生态文明理念"？（　　）

　　A. 认同　　　　B. 不认同　　　　C. 不关心

10. 2013 年 3 月 29 日，国家海洋局印发《海洋科学技术奖奖励办法》，您了解这个奖项吗？（　　）

　　A. 不知道　　　　　B. 知道一点但不了解

　　C. 比较了解　　　　D. 有比较深入的研究

11. 鱼是海洋中食用价值最大的生物，迄今为止发现的鱼类有 2 万多种。据估计，在不影响生态平衡的情况下，海洋鱼类年可捕量达 1 亿吨。您是否认同海洋生物将是人类重要的食物来源？（　　）

　　A. 非常认同　　B. 比较认同　　C. 说不清
　　D. 不太认同　　E. 非常不认同

12. 在我国，尤其是在沿海地区，海洋经济将获得越来越好的发展，从事海洋事业的人将越来越多。对于这种趋势你认同吗？（　　）

　　A. 非常认同　　B. 比较认同　　C. 说不清

D. 不太认同　　E. 非常不认同

13. 目前海洋生物药品的开发仍处于起步阶段，产业做大做强、造福人类尚需时日，您是否认同"在国家的持续支持下，海洋生物药品将日渐成为海洋经济发展中新的增长点"这种观点？（　　）

　　A. 非常认同　　B. 比较认同　　C. 说不清

　　D. 不太认同　　E. 非常不认同

14. 您知道海上油气钻井平台吗？（　　）

　　A. 不知道　　　　　B. 知道一点但不了解

　　C. 比较了解　　　　D. 有比较深入的研究

15. 我国属于贫水国家，人均淡水资源量仅为世界平均水平的 1/4，海水淡化成为解决水资源危机的重要途径。截至 2015 年 12 月，全国已建成海水淡化工程 139 个，每天产水规模 102.65 万吨。您是否了解海水淡化？（　　）

　　A. 不知道　　　　B. 知道一点但不了解

　　C. 比较了解　　　D. 有比较深入的研究

16. 沙雕是一种融雕塑、绘画、建筑、体育、娱乐于一体的边缘艺术，它通常通过堆、挖、雕、掏等手段塑成各种造型来供人观赏。

（1）您了解沙雕艺术吗？（　　）

　　A. 不知道　　　　　B. 知道一点但不了解

　　C. 比较了解　　　　D. 有比较深入的研究

（2）您对沙雕艺术感兴趣吗？（　　）

    A. 感兴趣　　　　　　B. 不感兴趣

17. 每年的 6 月 8 日为世界海洋日暨全国海洋宣传日，世界各国借此机会关注人类赖以生存的海洋。2016 年我国海洋宣传日的主题为"关注海洋健康，守护蔚蓝星球"，对此您了解吗？（　　）

    A. 不知道　　　　　　B. 知道一点但不了解

    C. 比较了解　　　　　D. 有比较深入的研究

18. 以下属于海洋空间资源的是（　　）。【多选】

    A. 海岛　　　B. 海湾　　　C. 滨海湿地　　　D. 以上都不是

19. "海纳百川，有容乃大；壁立千仞，无欲则刚"是（　　）的名对。

    A. 苏轼　　　B. 林则徐　　　C. 苏洵　　　D. 不知道

20. 在海洋世纪，需要科学地保护和传承海洋非物质文化遗产，坚持"保护第一，以开发促保护"的原则，努力实现资源保护与开发利用的和谐发展，下列属于海洋非物质文化遗产的是？（　　）【多选】

    A. 海洋民间习俗　　　　　B. 传统海洋节日

    C. 妈祖信仰　　　　　　　D. 海洋传说

21. 海洋物质文化遗产是人类在开发利用海洋环境空间留存下来的历史遗迹，您认为在海洋物质文化遗产保护的过程中，政府应该做到（　　）。【多选】

A. 加强相关政策引导　　　　B. 促进完善相关法律

C. 加强相关执法力度　　　　D. 完善相关管理体系

22. 您知道"赤潮"是由什么引起的吗？（　　　）

A. 没听说过　　　　　　　　B. 是洋流运动的结果

C. 是岩浆活动的结果　　　　D. 是海洋环境被破坏的结果

23. 我国法律规定（　　　）可以不经国家海洋行政主管部门批准在我国海域倾倒废弃物。

A. 军事组织　　　　　　　　B. 沿海省市政府直属单位

C. 海洋科研机构　　　　　　D. 任何单位均不

24. 以下哪些属于海洋管理活动？（　　　）【多选】

A. 海域使用管理　　　　　　B. 海洋环境保护管理

C. 海洋经济管理　　　　　　D. 海洋维权执法

25. 由三艘现代化军舰组成的首批护航编队于 2008 年 12 月 26 日从海南岛亚龙湾出发，挺进（　　　）索马里海域，拉开了中国海军远洋护航序幕。

A. 亚丁湾　　　　　　　　　B. 孟加拉湾

C. 墨西哥湾　　　　　　　　D. 不知道

26. 2005 年，我国海洋法律法规体系已初步建立，《中华人民共和国海域使用管理法》规定，颁发海域使用权证书（　　　）。

A. 应当向社会公告

B. 不需要向社会公告

C. 不知道

27. 碘是人体不可缺少的微量元素之一，在自然界中含量稀少，而在海带、海鱼和贝类等动植物中含量较高，摄碘不足会导致（   ）。

    A. 甲状腺肿大   B. 甲状腺结节

    C. 甲亢   D. 不清楚

28. 钓鱼岛位于哪个海域？（   ）

    A. 东海   B. 黄海

    C. 南海   D. 不知道

29. 您知道专属经济区吗？（   ）

    A. 不知道   B. 知道一点但不了解

    C. 比较了解   D. 有比较深入的研究

30. 发生海难后如果已经登陆某一小岛，您觉得首先应该（   ）。

    A. 寻找淡水，并在淡水附近搭建住所

    B. 放火烧树，驱逐野兽

    C. 住所应高于地面，靠近丛林

    D. 不知道

31. 关于海洋的深度，下面哪种描述最准确？（   ）

    A. 海洋像地球表面的一层皮肤

    B. 海洋的平均深度大约是地球直径的1/10

    C. 海洋的平均深度大约是地球直径的1/2

    D. 不知道

32. 潮汐形成的原因是（　　　）。

    A. 环境污染　　　　　　　B. 大气环流

    C. 大洋、月球运动引起　　D. 不知道

33. 中国在南极建成的第一个科学考察站是（　　　）。

    A. 长城站　　　B. 中山站

    C. 昆仑站　　　D. 不知道

34. 影响我国的台风平均数量在（　　　）最多。

    A. 10月　　　　B. 9月　　　　C. 8月　　　　D. 不知道

35. 专门从事海洋环境预报、海洋灾害预报和警报、科学研究和咨询服务的业务机构是（　　　）。

    A. 中国气象局　　B. 国家海洋局

    C. 环保部　　　　D. 中国科学院国家海洋环境预报中心

36. 传统的海洋三大产业是指海洋渔业、海洋盐业和（　　　）。

    A. 海洋油气业　　　　　B. 海洋矿业

    C. 海洋交通运输业　　　D. 不知道

37. 锰结核富含锰、铁、镍、钴、铜等金属，广泛应用于社会生产的各个方面，锰结核不仅储量巨大，而且还会不断地"生长"。您知道锰结核广泛分布于什么位置吗？（　　　）

    A. 海山区　　　B. 深海盆内

    C. 浅海区　　　D. 不知道

38. 下列海洋资源属于可再生能源的是？（　　　）【多选】

    A. 潮汐能　　　B. 海上风能

C. 波浪能　　　D. 温差能

39. 据报道：在我国福建罗源湾海域，由海水养殖而形成的海上木屋错落成"户"；在美国，一支研究小组计划于 2020 年建造一座"海上家园"。在未来，建设海上城市是解决人类居住问题的重要途径之一，对此您是否认同？（　　）

A. 非常认同　B. 比较认同　C. 说不清

D. 不太认同　E. 非常不认同

40. 鱼类肝脏含有大量维生素 A 和维生素 D，从其中提炼出的鱼肝油可用于（　　）。

A. 治疗夜盲症　　　B. 促进钙质吸收

C. 提高免疫力　　　D. 以上都是

41. 世界航海史上最早到达美洲的航海家是（　　）。

A. 麦哲伦　　B. 哥伦布　　　C. 达·伽马　　D. 迪亚士

42. 在明朝初期，郑和曾率船队七下西洋，最远到达（　　）。

A. 非洲东海岸　B. 欧洲　C. 太平洋　D. 不知道

43. "海上丝绸之路"运输、贸易的主要商品是什么？（　　）【多选】

A. 陶瓷制品　　B. 丝绸织品

C. 茶叶　　　　D. 不知道

44. 以下哪些属于国家管辖海域？（　　）【多选】

A. 内水　　　　B. 领海　　　C. 毗连区

D. 专属经济区　　　E. 大陆架

45. 北极理事会是一种政府间的高级论坛，为解决北极当地居民和政府所面临的问题、挑战提供了一种可操作性的机制，2013 年 5 月我国成为北极理事会的（　　　）。

    A. 成员　　B. 正式观察员　　C. 临时观察员　　D. 不知道

46. 南极属于哪个国家？（　　）

    A. 美国　　　　　　B. 澳大利亚

    C. 对南极地区的领土主张被冻结　　D. 不知道

47. 如何建设 21 世纪海上丝绸之路？（　　）【多选】

    A. 政策沟通　　　　B. 设施联通　　　　C. 贸易畅通

    D. 资金融通　　　　E. 民心相通

48. 您知道我国有哪几支海军舰队吗？（　　）

    A. 南海舰队、黄海舰队

    B. 东海舰队、渤海舰队

    C. 南海舰队、东海舰队、北海舰队

    D. 不知道

49. 国务院海洋行政主管部门是（　　　）。

    A. 国土资源部　　　　B. 国家海洋局

    C. 环保部　　　　　　D. 不知道

50. 您认为中小学、大学是否有必要开设海洋相关的课程、专业？（　　）

    A. 非常有必要　　　　B. 有必要

    C. 不太有必要　　　　D. 完全没必要

您对国民海洋意识调查的意见和建议：

再次感谢您的参与！

附录二：提升海洋强国软实力
——全民海洋意识宣传教育和文化建设"十三五"规划

2016 年初，国家海洋局与教育部、文化部、国家新闻出版广电总局、国家文物局联合印发了《提升海洋强国软实力——全民海洋意识宣传教育和文化建设"十三五"规划》，提出到 2020 年我国将初步建成全方位、多层次、宽领域的全民海洋意识宣传教育和文化建设体系，引起社会公众和读者广泛关注，现将该规划全文发布如下，以便读者更全面、更详细了解规划内容。

——编者

一、海洋意识宣传教育和文化建设基本情况

中华民族拥有丰富多彩的海洋意识和灿烂悠久的传统文化。建设海洋强国和 21 世纪海上丝绸之路，要进一步加强全民海洋意识宣传教育和文化建设，提升海洋强国软实力。

（一）提升全民海洋意识是海洋强国和 21 世纪海上丝绸之路的重要组成部分

国家的海洋战略必须扎根在其国民对海洋的认知中。海洋是人类社会生存和可持续发展的重要物质基础，是世界大国崛起过程中共同的战略选择和发展途径。在新的历史时期，我国确定了

建设海洋强国和 21 世纪海上丝绸之路的战略目标。习近平总书记强调"要进一步关心海洋、认识海洋、经略海洋，推动我国海洋强国建设不断取得新成就"。因此，必须全面加强海洋意识宣传教育，推进海洋文化发展繁荣，为海洋强国和 21 世纪海上丝绸之路建设提供强有力的社会共识、舆论环境、思想基础和精神动力。

建设海洋强国需要发挥海洋意识等软实力作用。放眼世界海洋大国的历史经验，海洋强国的实现不仅需要强大的海洋经济、科技、军事等硬实力，同样也需要海洋意识等软实力的强有力支撑作用。增强全民海洋意识、加强海洋文化建设，将有利于提升海洋战略地位，有利于形成民族进取精神，有利于提高全民科学素养，有利于弘扬社会主义核心价值观，有利于推动全球包容性发展。因此，提升全民海洋意识等软实力，是建设海洋强国和 21 世纪海上丝绸之路的重要组成部分。

（二）"十二五"海洋意识宣传教育和文化建设成效及存在问题

公众海洋意识显著增强。随着建设海洋强国战略目标的提出和海洋事业的蓬勃发展，海洋意识宣传教育和文化建设力度不断加大。各级政府、有关部门及社会团体积极组织开展了内容丰富、形式多样的海洋意识宣传教育活动，"6·8 世界海洋日暨全国海洋宣传日"活动异彩纷呈，全国大中学生海洋知识竞赛、全国大学生海洋文化创意大赛影响广泛，年度海洋人物评选鼓舞人心，"海疆万里行"主题宣传报道活动影响广泛。同时，全国海洋意识教育基地、海洋科普基地建设蓬勃发展，海洋意识教育系列教材逐步推广，覆盖沿海及内陆、协同政府主导与社会参与的多元化海洋意识宣传教育格局正在逐步形成。国家海洋博物馆等海洋特色公共文化服务设施初具规模，沿海地区举办的各类海洋节庆活动特色鲜明、引人入胜，有的已成为当地文化品牌和旅游热点，海洋特色文化产业成为海洋经济新的亮点。

存在问题和挑战。缺少顶层设计和统筹规划，体制机制不完善，相关政策项目尚未形成整体合力；海洋新闻传播力不强，海洋软实力的社会影响和国际影响均不足；缺少重大项目引领和支撑，已开展的海洋意识宣教活动规模较小、覆盖面窄、内容重复、形式有限、手段单一、吸引力不强；海洋知识尚未系统纳入国民教育体系；公众参与渠道不畅，人才队伍匮乏，经费投入不足等，公众整体海洋意识还较为淡薄。相关调查表明，2013 年国民海洋意识综合指数为 56.2（指数区间值 0~100），相比 2010 年的 47.9 提升较大，但仍达不到"及格"水平。其中，国民海洋权益意识和海洋环境及安全意识相对较高，但是海洋资源及海洋经济意识则较为缺乏。与海洋强国建设需求及世界海洋强国相比，公众海洋意识淡薄的情况仍未从根本上改变。

（三）"十三五"时期海洋意识宣传教育和文化建设面临的重要发展机遇

建设海洋强国和 21 世纪海上丝绸之路战略，对提升全民海洋意识提出了更高要求。党中央国务院高度重视海洋意识宣传教育和海洋文化建设，2014年以来，习近平总书记等中央领导多次就提升全民海洋意识做出重要指示批示。中宣部还印发了相关工作方案，明确提出加强海洋意识宣传教育的重点领域。与此同时，社会各界也十分关注国民海洋意识问题，纷纷呼吁大力提升国民海洋意识。当前，围绕海洋强国和21世纪海上丝绸之路建设，加强海洋意识宣传教育和文化建设已经成为各级政府、社会各界的广泛共识和迫切要求。

海洋经济和海洋事业持续快速发展，为海洋意识宣传教育和文化建设提供了坚实的物质基础和发展条件。全国2015年海洋生产总值近6.5万亿元，涉海就业人员3500多万人。大量海洋科技成果转化为现实生产力，海洋渔业、船舶运输业、油气业、滨海旅游业发展迅猛，海水淡化、海洋能、海洋生物医药等新兴海洋产业快速增长，海洋主题的文学艺术、海洋特色民俗文化和海洋节庆会展等服务业方兴未艾。海洋经济和海洋事业的大步向前，使海洋意识宣传教育和文化建设迎来了最好的发展机遇。

国家出台文化繁荣发展的方针政策，为海洋意识宣传教育和文化建设创造了良好环境。党的十八大作出建设社会主义文化强国，推动文化大发展、大繁荣的战略部署。各级宣传、教育、文化、新闻出版广电、文物等部门也日益关注和重视海洋意识宣传教育和文化建设工作，从政策、机构、资金等不同方面加大支持力度。开展海洋宣传教育和文化研究的机构逐步壮大，全国有多所综合类海洋大学设置了海洋文化学科。一批相关社团组织也将海洋意识作为重点研究领域，为海洋意识宣传教育和文化建设提供了有力的智力支持与人才保障。

世界主要海洋大国的成功经验，为海洋意识宣传教育和文化建设提供了有益借鉴。世界海洋强国均非常重视针对各级学校学生与一般民众所进行的海洋科学教育，形成了较为完善的海洋意识培养体系。美国专门制定了强化国民海洋意识的政策，所有美国人都要进行终身海洋教育；英国则在中小学"国定课程"中全面实施海洋教育；日本制定的《小学学习指导要领》规定了海洋教育在各门课程中的分布要求，时刻强调海洋是日本的未来和唯一出路；韩国从幼儿园直到大学，形成了系统的海洋观培养体系；澳大利亚确定了将海洋教育内容融入幼儿园、小学和中学课程，并制定了大学和职业技术学校的中长期海洋教育政策。这些国家的做法为我国开展相关工作提供了有益借鉴。

二、"十三五"海洋意识宣传教育和文化建设的总体思路、基本原则、发展目标

"十三五"时期，海洋强国和 21 世纪海上丝绸之路建设将实现新的跨越，也是海洋意识宣传教育和文化建设的关键时期，必须审时度势，抓住机遇，切实增强海洋强国软实力。

（一）总体思路

以习近平总书记系列重要讲话精神为指导，紧紧围绕建设海

洋强国和 21 世纪海上丝绸之路战略目标，牢固树立创新、协调、绿色、开放、共享五大发展理念，增强公众海洋意识，弘扬海洋文化，提升海洋强国软实力。全面打造海洋新闻宣传、海洋意识教育和海洋文化建设三大业务体系。创新发展海洋新闻宣传，推动海洋新闻媒体融合发展，构建多种形式和载体的海洋大众传播品牌。积极推进海洋意识教育，增强海洋基础知识教育，促进海洋意识社会教育。传承繁荣中华海洋传统文化，充分发挥公共文化服务体系在提升全民海洋意识中的重要作用，促进海洋特色文化产业快速发展。加强组织领导和统筹协调，强化能力建设和经费投入，增进国际交流和对外宣传，为"十三五"期间海洋事业发展提供有力的舆论支持、广泛的社会共识和强大的精神动力。

（二）基本原则

围绕中心，服务大局。紧紧围绕海洋强国和 21 世纪海上丝绸之路建设目标，充分利用各种媒体资源，做好海洋宣传和舆论引导工作。将海洋意识宣传教育和文化建设纳入海洋工作主体，充分发挥全民海洋意识对海洋事业发展的推动保障作用。

完善机制，统筹资源。完善海洋意识宣传教育和文化建设体制机制，整合各类媒体资源，从组织、制度、资源、渠道、载体等各方面做好顶层设计，实现上下齐动、部门互动、地方联动、媒体发动、公众行动的新格局，形成海洋意识宣传教育和文化建设工作的整体合力。

主动引导，创新发展。加强制度建设，创新激励机制，鼓励和引导公众和社会组织积极有序参与海洋意识宣传教育和文化建设工作。适应时代发展，坚持推陈出新，注重传统手段与新兴技术的综合运用，增强吸引力和感染力。

整合提升，打造品牌。加强总体策划，整合各方力量，发挥比较优势，多措并举，综合施策。在现有工作基础上，丰富产品形态，提升品牌效应，并依托品牌达到引领示范效果，掀起持续的海洋意识宣传教育和文化建设热潮。

突出重点，注重实效。以海洋强国和21世纪海上丝绸之路建设为核心主题，凸显海洋事业发展主线，同时紧密结合沿海地区社会经济发展。突出重点，注重特色，贴近群众，讲求实效，切实提高海洋意识和海洋文化的影响力和感召力。

（三）发展目标及指标

总体目标：到2020年初步建成全方位、多层次、宽领域的全民海洋意识宣传教育和文化建设体系，基本形成海洋特色鲜明、内容丰富新颖、形式多种多样、社会影响突出、组织保障有力、公众广泛参与的海洋意识宣传教育和文化建设工作格局，海洋意识和文化服务大局和中心工作的综合能力明显提升，全社会关心海洋、认识海洋、经略海洋的意识显著提高。

总体上可以海洋意识发展指数作为衡量指标，以2014年的指数（指数区间值0~100）为基准，年度增加约3个分值。

海洋新闻宣传发展目标：善用主流媒体，壮大自有媒体，做大主题宣传，强化舆论引导，形成全面覆盖海洋事务的内容体系，探索丰富多样的海洋领域新闻宣传形式和载体，切实增强海洋新闻的吸引力、感召力和影响力，占领舆论宣传主阵地；扎实开展宣传报道活动，提升和打造"世界海洋日暨全国海洋宣传日"系列活动、"海疆万里行"系列主题采访活动等有影响力的大众传播品牌活动。

具体可用 2 个指标来衡量：涉海新闻在全国性报纸、期刊、广播电视、新闻网站等媒体得到全方位报道和关注；《中国海洋报》等涉海专业媒体传播力、影响力进一步提高，全民海洋意识明显增强。

海洋意识教育发展目标：基础教育阶段的海洋意识得到加强，广大青少年掌握基本的海洋知识，培养一批专兼职海洋教育师资力量和海洋专业创新人才；海洋意识的社会教育体系基本建立，教育内容和形式更加丰富多彩，一部分党政干部和企业事业法人接受海洋意识教育培训；海洋科学知识普及力度进一步加大，全民海洋科学素养得到进一步提高。

具体可用 2 个指标来衡量：到"十三五"末期建成 200 处全国海洋意识教育基地，200 处全国海洋科普教育基地，100 所海洋知识教育示范学校，同时推进海洋意识和科普基地进内陆，争取在西部每个省份都建立 6~10 处海洋意识和科普教育基地；"十三五"期间每年选择 2 个内陆省份开展海洋知识进内陆活动，每个省级行政区选择 2~5 个市县开展海洋知识普及活动，每个市县选择 5 所中学和 5 所小学开展海洋知识讲座和海洋知识普及图书赠阅活动，每年开展两次青少年海洋夏令营活动，规划期内共在 10 个内陆省份开展活动。

海洋文化建设发展目标：沿海省市公共文化服务体系建设中初步纳入海洋特色或元素，海洋博物馆等海洋专业文化设施基本建成，服务内容和手段更加丰富；推出一批思想精深、艺术精湛、制作精良的海洋题材的文艺作品；推动海洋特色文化产业加快发展，在转变海洋经济发展方式的作用明显增强；海洋文化遗产得到有效保护，海上丝绸之路相关文化遗产整体保护、利用、展示水平切实提高，中国海洋特色文化的世界影响力显著提升。

具体可用 2 个指标来衡量：海洋科普和海洋题材文化图书出版发行量在"十三五"期间每年增长 20%，"十三五"末达到年出书 100 种、发行 50 万册和"十三五"期间出书 400 种、发行 200 万册；每年均推出有影响力的海洋题材文化产品，包括影视作品、戏剧曲艺、文学著作、音乐舞蹈、动漫游戏等，开展全国范围海洋题材书画、摄影展览 2~3 次。

三、"十三五"海洋意识宣传教育和文化建设主要任务

"十三五"时期，海洋意识宣传教育和文化建设工作从以下几个方面确定主要方向，明确重点任务，完善业务体系，实现发展目标。

（一）以传统媒体与新兴媒体融合发展为重点，创新海洋新闻舆论工作

做好海洋领域的新闻报道和舆论引导。对海洋重大政策法规和规划、重要科技成果、重要会议活动、重点项目、各地工作成效举措及先进典型，以及海上维权、极地考察、载人深潜、大洋调查等海上活动和重点图书、影视作品、文艺演出论坛等其他重大海洋活动，开展广泛深入的海洋主题宣传报道，推出一批有深度、有分量、吸引人的稿件和节目。围绕海洋强国和21世纪海上丝绸之路建设，每年组织中央主要媒体开展"海疆万里行"系列主题采访报道活动，推出行进式报道。要深化拓展海洋主题"走转改"新闻报道，推出一批海洋人物的深度报道，见人、见事、见精神，大力宣传奉献海洋的基层工作者的精神风貌。要以内容为王，原创为本，发挥专业采编优势和信息资源优势，通过专业、权威报道满足用户信息需求。注重海洋新闻报道的方式方法，以中国特色、国际视野、客观表达、即时传播的理念，用有效的传播力、公信力、影响力正确引导海洋新闻舆论。准确掌握海洋热点问题和突发事件舆情动态，加强分析研判，及时发布权威信息，阐明政策，回应关切。加强与公众的互动交流，营造良好的海洋事业发展舆论氛围。

创新海洋新闻传播业态。推动海洋新闻信息生产向实时生产、数据化生产、用户参与生产转变。加强海洋专题电视节目策划和制作，鼓励支持电视媒体策划播出海洋特色鲜明、宣传效果良好

的节目栏目，选择一批海洋特色作品在电视台播出，或者联合推出大型影视文化作品。在中国网络电视台举办"海洋——我们的家园"网上访谈活动，与网民加强在线交流。要进一步强化用户理念，准确掌握用户多样化、个性化信息需求，有针对性的生产信息产品，点对点推送到用户手中，做到量身定做、精准传播，提高海洋新闻宣传实效性和用户满意度。要把互动思维引入信息服务，通过吸引用户提供新闻线索，报道素材，实现在互动中服务，在服务中引导。海洋行政主管部门应建立海洋灾害预警和应急信息数据自动推送和发布功能，实现和主要新闻媒体网站、国家应急广播体系的数据共享，增强公众海洋灾害防灾减灾教育，扩大应急信息发布渠道，利用国家应急广播体系自动发布海洋灾害预警信息。

建设海洋新媒体宣传平台。顺应互联网传播移动化、社交化、视频化、互动化趋势，积极发展海洋新闻信息移动客户端、手机网站、手机报等应用，建设好法人账号，持续推送一批积极正面、生动有趣的海洋主题贴文短信。发展网络视听服务，将海洋新闻信息推送到互联网电视、智能手机、平板电脑等多媒体终端，打通用户群。综合运用多媒体表现形式，多生产精准短小、鲜活快捷、吸引力强的海洋新闻信息。以移动 APP、数字出版等为载体，打造具有传播力、公信力、影响力的海洋传播新媒体平台以及 3 至 5 个知名海洋数字传播新媒体品牌。建设一个具有全国知名度的"海洋中国"移动应用，提供海洋资讯服务，实现观众互动、社交、娱乐、信息交流等服务应用。同时，发挥好新媒体海洋新闻宣传平台的社会服务功能，吸引各方力量，通过广告、特色会员服务、与其他行业合作等，实现社会效益与经济效益的最大化。

推动海洋传统媒体优化发展。要积极将涉海传统媒体的影响力向网络空间延伸，抓住基础环节、关键项目，突出重点、分步推进，推动传统媒体和新兴媒体在内容、渠道、平台、经营、管理等方面的深度融合。促进报网融合，实现信息内容、技术应用、平台终端、人才队伍的共享融通，形成一体化的组织机构、传播体系和管理体制。改进媒体采编方式，推进采编流程集约化、数字化改造和移动采编、多媒体采编系统升级等工作，建立适应多介质新闻生产的新型多功能一体化采编平台，实现海洋新闻信息一次采集、新闻产品多种生成，发挥媒体融合发展的最佳效果。有关涉海传统媒体要结合自身优势，明确战略方向和发展重点，建成若干具有鲜明特色的新型主流媒体集群。

进一步推动和规范海洋系统政府信息公开。各级海洋行政主管部门在履行职责过程中制作或获取了大量海洋政务信息，这些信息内容丰富、涉及面广，许多都关系到沿海地区社会经济发展和公民法人切身利益，要积极推进相应的信息公开工作。各级海洋行政主管部门应明确将自身政府网站作为本单位政府信息公开的第一平台，对于各项重要会议、重要活动、重大政策出台等，必须第一时间在政府网站上发布信息。在研究制定重大政策时，要同步准备对外公开的政策解读方案或文稿，并由政策制定参与者或专家学者在政府网站上同步推出解读评论文章或开展访谈。对于重大突发事件或应急事件，各级海洋行政主管部门要第一时间发布信息，并及时发布动态情况，通过政府网站对社会关注的热点问题进行回应，阐明政策、解疑释惑、化解矛盾、理顺情绪。各级海洋行政主管部门要加强与公众的互动交流，在规定的时间内反馈人民群众申请公开的政府信息，搭建海洋行政主管部门与公众交流的"直通车"，合理引导公众认识和社会舆论。

（二）以讲好海洋故事为重点，推动海洋意识大众传播

创建海洋主题宣传品牌。巩固"世界海洋日暨全国海洋宣传日"这一重要的海洋宣传活动品牌，力求活动层次、活动形式、活动效果再上新台阶，并推动活动在内陆城市开展，不断将海洋意识从沿海向内陆进行传播。以全国大中学生海洋知识竞赛、全国大学生海洋文化创意设计大赛、年度海洋人物评选、年度海洋大事评选、海洋文化长廊建设等为重点，加强活动的创意策划，扩大参加范围，提高媒体参与度，切实在上层次、上水平、扩影响上做文章。结合新形势下公众教育的方式变化，进一步探索与电视、网络、新媒体合作，把海洋主题宣传活动打造成好看、好玩、好参与的海洋意识普及平台，提高活动的市场化水平，逐步形成全国知名的海洋主题宣传品牌。

打造高品质海洋文化节庆活动。依托厦门国际海洋周、青岛

国际海洋节、（舟山）中国海洋文化节、中国（象山）开渔节、（福建）海上丝绸之路国际艺术节等各具特色的海洋节庆活动，根据不同受众精心策划、安排不同的主题内容，打造具有鲜明地方特色文化的有国际影响力的海洋文化活动，丰富沿海群众文化生活，促进地方旅游会展经济发展。此外，依托"中国航海日""减灾日""全国科普日"、海军成立纪念日等节庆时机，开展广泛深入海洋宣传活动，发动公众在活动中认知海洋、关爱海洋，进而不断提升海洋意识。

积极推出海洋文艺精品。积极推动思想性与艺术性有机统一，有较好社会效益与经济效益的海洋题材原创文艺精品。扶持优秀舞台艺术作品、美术摄影作品、影视作品、文艺类图书、人文社会科学理论文章等，鼓励海洋题材文艺作品参加精神文明建设"五个一工程"等文艺评奖活动。

（三）以海洋知识"进教材、进课堂、进校园"为重点，增强海洋基础知识教育

推进海洋知识"进教材"。修订中小学课程标准，充实海洋教育有关内容。根据课程标准及时修订中小学现有地理、历史、德育等相关学科教材。针对各学科特点，科学合理规划设计，有针对性地整合海洋国情、海洋理化、海洋生物、海洋环境、海洋灾害、海洋政策、海洋权益、海洋人文等方面的内容要求。在中小学教材中，积极落实加强海洋教育有关要求，鼓励地方开发海洋教育相关课件、挂图、教学参考书和多媒体资源。

　　推进海洋知识"进课堂"。推动海洋知识教育与中小学有关学科教学的有机融合，研究梳理教学"结合点"，并在综合实践活动课程、地方课程、学校课程中安排海洋知识相关内容。推动地方和学校积极探索开设海洋特色教育课程，科学引导中小学生参与、探究、理解海洋意识在诸如环境问题、社会问题、国际问题等一系列新的跨学科问题中的重要意义和作用。针对基础教育阶段学生年龄特点和认知规律，借鉴国外先进经验，科学规划设计海洋教育的方式方法，推广启发式、参与式、互动式教学，增强海洋教育的吸引力。创新课堂教学方式和载体，鼓励开发网络学习课程及游戏，积极探索推广网络教学，做到海洋教育教学线上线下协同作用。加强海洋相关知识教师队伍建设，多渠道培训师资力量。通过学校聘请和个人自愿相结合，积极鼓励海洋领域的专家学者或高校学生担任兼职教师、课外辅导员或顾问。

　　推进海洋知识"进校园"。依托现有资源，加快建设全国海洋意识教育基地，依托涉海机构搭建开放灵活的海洋知识教育资源共享平台。加快海洋知识宣教设施建设，各类海洋科研院所、专业机构和管理部门要遴选一批实验室、样品馆、科技馆、考察船、执法船等，作为海洋知识教学或科普教育基地，向中小学生免费开放。鼓励开发具有地方特色的海洋知识教育资源，探索建设海洋意识教育新媒体，因地制宜开展教学实践。优先向内陆偏远地区中小学赠送海洋图书报刊和音像资料，推进"海洋科普小屋"建设，开展海洋科普巡展。推动中小学校建立海洋社团、海洋兴趣小组、海洋意识宣传志愿者队伍，合理引导学生开展日常海洋意识宣教和海洋科普公益活动。组织开展以海洋为主题的绘画、征文、板报、主题班队会、文艺演出、科技创新等青少年活动，增强趣味性和吸引力，着力培养学生海洋相关的爱好和特长。鼓励海洋专家开展海洋知识专题讲座。继续办好各类中小学海洋知识夏令营、海洋大讲堂、艺术节等品牌活动，打造品牌效应。每年在"6·8世界海洋日暨全国海洋宣传日"等节庆纪念日，组织中小学生开展创意新、影响大、形式多样、丰富多彩的宣教活动，大力弘扬海洋文化。在此基础上，制定实施全国海洋知识教育示范标准，在全国范围中小学校设立一批海洋知识教育示范学校，并加强示范学校的规范管理、成果评价和宣传推广。

加强高等院校及职业学校海洋意识教育。积极支持和引导高等院校海洋学科建设，适当增加涉海专业和涉海课程，设立海洋通识公共选修课。组织开发高等院校海洋科学专业教材，优先做好本科专业基础课教材和海洋通识教材。在招考及就业政策中向涉海专业倾斜，培养一大批海洋领域应用型和复合型人才。重视和支持高校开展海洋意识教育，支持职业学校开展海洋相关在职教育和行业教育。鼓励各类高校建立学生海洋社团、海洋志愿者组织，开展"全国高校海洋社团夏令营"，自主开展丰富多彩的大学生校园海洋意识宣教活动，将海洋意识教育作为大学生思想政治教育、爱国主义教育的重要内容，以社会主义核心价值观为根本遵循，引导学生不断增强海洋强国使命意识和责任意识。

（四）以社会教育为重点，提高公众海洋意识

开展国民海洋意识社会教育。组织制定《青少年海洋意识教育指导纲要》，将海洋意识教育作为公民终身教育来开展，积极推进社会教育体系建设。在党政干部、涉海企业、青少年、社会公众中开展"海洋大讲堂"巡讲活动，组织多种形式、多种层次的海洋专题报告会。打造面向公众、普及性的"海洋公开课"，探索海洋教育和海洋创新人才培养新型模式。根据沿海和内陆不同地域特点，采取各有侧重的宣传内容和方式。积极发展和传播海洋主题公益广告。组织开展海洋政策进机关、海洋法律进企业、海洋科普进社区等主题宣传活动，做好普法教育，促进人海和谐。

建设海洋意识公众参与平台。组建海洋意识宣传志愿者队伍，积极开展参与广泛、内容丰富、形式多样的志愿者服务机制，实施海洋支教、海洋教育扶贫、军营海洋教育、海洋文化推广等项目。组织编写出版海洋知识普及读本、宣传挂图、宣传手册，在城乡基层社区发放和张贴，在有条件的博物馆、图书馆、文化馆、科技馆、少年宫、纪念馆、军史馆设置海洋知识专题展览，在基层社区开办海洋意识宣传长廊。以海南、贵州、新疆、甘肃等偏远或内陆地区为试点，开展"海洋知识进内陆"系列海洋知识宣教活动，将海洋报刊图书和音像制品向内陆地区大中小学校免费发放。组织开展"海洋题材优秀影视作品展播展映"等活动，中

央主要媒体要加大海洋公益宣传力度，充分运用卡通动漫、视频短片等生动鲜活的方式提升公益宣传的吸引力和感染力。依托涉海机构搭建公众海洋意识宣教平台，定期向公众开放海洋专业实验室、执法科考船舶及各种海洋特色设施。鼓励民间组织参与国民海洋知识宣传教育，建设民办海洋教育场馆。在海洋特色旅游景点、海滨浴场设置海洋知识宣传展板或显示屏，打造务实有效的海洋意识公众参与平台。

实施全民海洋科普教育工程。开展"一""十""百""千""万"海洋科普宣传教育。"一"字工程指完成"年度中国十大海洋科技进展"和"年度中国十大海洋科技人物"评选工作，承办一次"年度科技活动周""年度防灾减灾日""年度全国海洋宣传日""年度全国科普日"海洋科普宣传教育活动，组建一个海洋科普专家库，打造一批海洋科学传播专家团队，创建一种与民间NGO合作的模式，向媒体提供智力支持。"十"字工程指邀请10位知名海洋专家学者进校园、进社区，举办10场全国海洋科普教育能力培训。"百"字工程指建成100个海洋科普教育小屋，策划编创100种海洋科普图书音像出版物，加大对《海洋世界》等海洋科普期刊的宣传推广工作，对面向青少年的海洋科普期刊给予支持，鼓励相关期刊加大海洋科普文章的刊发力度；选择100家地市级科技馆、文化馆等场馆充实海洋文化和海洋科普内容。"千"字工程指让海洋科普走进全国1000个文明社区。"万"字工程指招募10 000名海洋科普教育志愿者。

（五）以丰富海洋特色内容为重点，发挥公共文化服务体系在提升全民海洋意识中的重要作用

推进滨海地区公共文化服务设施建设。以涉海部门、沿海地区为重点，推进海洋博物馆及涉海文化馆、科技馆、展览馆等建设，坚持设施建设与运行管理并重。建立带有鲜明地域特色的滨海城市形象识别系统，提高城市海洋文化影响力。发挥互联网优势，开展"中国海洋数字博物馆"建设，运用虚拟现实技术、三维图形图像技术、计算机网络技术、立体显示系统、互动娱乐技术、特种视频技术，对海洋自然、人文等内容进行数字化，并通过网络直播等形式，引发观众互动，增强公众兴趣。

丰富各类具有海洋特色的文化资源。充实滨海地区现有城镇基层社区和农村各类公共文化服务设施的海洋内容，在农家书屋中增添海洋知识图书。鼓励群众参与海洋特色文化活动，为群众提供了解、展示、交流海洋特色文化的资源和平台。

开展海洋文化遗产普查和保护。建立我国海洋历史文化遗产数据库和管理信息系统。开展涉海古籍与文物抢救工作，系统征集、整理、出版海洋文明口述史，实施海洋文化遗产保护工程，对涉海的考古遗存、水下遗址、历史古迹、民居村落等进行系统的调查与保护。积极推动有代表性的海洋文化遗迹申报世界文化遗产。开展海上丝绸之路、明清海防设施和沿海岛屿海洋文化遗产考古调查，加强港口史、造船史、航运史和海洋水利工程史等的研究。深入挖掘和展示我国古代海洋科技、涉海技术发明的历

史、科学和艺术价值。加强国家级历史遗迹类的海洋保护区建设与管理，对海洋沉船、水下遗址与遗物等制定切实的保护措施。摸清我国海上丝绸之路相关文化遗产资源的家底，提出保护、展示和利用措施并部署实施。做好涉海重大建设工程中的海洋文物、水下遗址的保护工作，严格项目审批、核准和备案制度。保护重要海洋节庆和海洋民俗，推进涉海非物质文化遗产的保护与传承，并推动保护手段与方式创新。充分利用数字化技术、虚拟现实技术、移动互联网技术等现代信息技术的发展，创新海洋文化遗产的保护、传承、利用、发展的新模式。

（六）以政策引导扶持为重点，促进海洋特色文化产业发展

大力开发海洋特色的文化产品和服务。合理布局海洋特色文化产业，推动海洋经济发展模式转变。大力推出有较强社会影响力和市场竞争力、带有鲜明海洋特色的文学艺术、音乐舞蹈、戏剧表演、书法绘画、时尚设计、工艺美术、广告创意、动漫游戏等产品、作品。推进海洋特色文化传统工艺技艺与创意设计、现代科技、时代元素相结合。积极推动海洋主题影视业，加强海洋专题电视节目策划制作，将海洋题材电影纳入"中国梦"主题创作生产规划。鼓励演艺娱乐业创新海洋题材，发展集演艺、休闲、观光、餐饮、购物为一体的海洋特色综合娱乐体。大力发展具有鲜明地域特色和海洋风情的海洋生态旅游和海洋文化旅游产品，注重游客参与式和体验式感受。有效提升各类涉海节庆业、会展

业的文化品质，推进市场化、专业化、品牌化发展。积极引导海洋特色文化与建筑、景观、体育、餐饮、服装、生活日用品等领域融合发展，培育海洋元素的新型产品和业态。促进文化创意与海洋科技创新深度融合，提高海洋特色文化产品的科技含量和创意水平。立足地方海洋传统文化资源发展海洋特色文化产业，打造具有地方特色的海洋文化产品和知名品牌。

促进海洋特色文化企业发展。着力创造良好市场环境，促进一批有实力、有竞争力的海洋特色文化骨干企业发展，发挥骨干企业在海洋特色文化产品的创意研发、品牌培育、渠道建设、市场推广等方面的龙头作用，打造具有核心竞争力的海洋特色文化品牌。促进特点鲜明、创新能力强的中小微海洋特色文化企业加速发展，支持个体创作者、工作室开发海洋特色文化资源。建立完善海洋特色文化产品销售网络，提高国民的海洋特色文化消费意识。

建设海洋特色文化产业平台。以沿海为主兼顾内陆，加强规划引导和典型示范，规范建设一批海洋特色文化产业平台，支持海洋特色文化企业和重点项目发展。鼓励海洋特色文化企业联合高校、学术机构建立产学协同创新机制，鼓励高等院校和科研院所设立海洋特色文化创意设计和产品研发中心，同时培养海洋特色文化创意产业人才。依托相关地域海洋传统文化资源，重点推进 21 世纪海上丝绸之路海洋特色文化产业带建设。大力发展海洋特色文化乡镇和渔村，建设富有海洋传统文化特点和海洋自然景观的滨海乡镇渔村，保护原始风貌和人文生态，因地制宜发掘海洋特色文化，促进城乡居民就业增收。将推动海洋特色文化产业发展纳入沿海地区海洋经济发展规划，优先保障海洋特色文化产业项目用海需求。

拓展海洋领域全媒体出版。打破音像出版、图书出版和互联网出版界线，打造集影视动画制作、纸质图书出版与数字出版三位一体的全媒体出版平台，扩大出版范畴，创造增值空间，实现一元化生产、多媒体发布、多渠道传播，为不同地区、不同年龄段、不同层次的群体同步提供差异化的适配于各类终端的海洋阅读产品。通过跨介质（纸介质、互联网、移动终端）、跨媒体(影视制作、书刊出版、数字出版）的全媒体出版形式，创作和生产影视作品同名图书，出版交互式海洋科普电子杂志，打造提升海洋意识数字资源库产品。扶植海洋图书期刊规划出版，制定海洋主题的重点出版选题规划，国家出版基金对列入规划的选题予以适当支持，组织推出一批优秀作品。拓展海洋出版物发行渠道，组建有较强竞争力和实力的全国海洋出版物发行集团，开展跨地区、跨行业、跨所有制经营活动。加大优秀海洋书籍推广力度，在开展全民阅读活动和国家级优秀图书推广活动中，将海洋书籍作为重点列入，并在重要海洋活动和节庆纪念日之际，组织开展海洋类出版物展示展销活动。

（七）以重大理论研究与调查评估为重点，夯实提升全民海洋意识业务体系

海洋意识传播新理论、新方法和新技术研发。重点研究当代

信息化社会的新兴传播体系对海洋意识宣传的机遇和挑战，遵循新闻传播规律和新型媒体发展规律，研究创新特色鲜明、技术先进、传播快捷、覆盖广泛、吸引公众的海洋意识传播新理论和新方法，构建适应海洋特色的新型海洋意识传播体系，为相关工作提供坚实的理论和方法指导。以科技创新驱动海洋意识传播，鼓励科研机构为海洋文化建设提供技术支持。

海洋意识教育理论和方法研究。重点研究深化教育体制改革背景下的海洋意识教育理论和教学实践，研究探索如何在大中小学生和社会公众中树立起完整的海洋观。深入研究海洋意识教育的特有模式与方法，不断推进教育改革创新，推进理念观念和体制机制创新，加强各类新兴教育理论、教学方法和教研成果在海洋意识教育中的集成创新和推广应用。依托各类海洋和师范院校，开展适用于不同教育对象的海洋意识教育理论和方法研究。

中国特色海洋文化理论研究。开展全国海洋文化建设专题调研，深刻把握当前海洋文化建设现状、优势和不足，在此基础上明确发展方向。系统梳理与推进中国海洋文化理论研究，推动海洋文化理论研究和学科建设。通过国家社科基金及相关软科学资金，支持符合条件的海洋文化建设重大理论研究。突破传统海洋科学与人文社会科学彼此之间的隔阂，整合文、理、工等相关学科知识，形成海洋文化学科独立的研究领域、基本命题和基本方法，完成其理论体系和学科研究范式，并结合考古学、历史学、民俗学、航海学等多学科研究成果，利用各种艺术形式和市场经济手段，开展海洋、文化、旅游等跨领域研究，探索海洋文化在社会主义文化建设和经济建设中的独特地位和重要作用。不断推陈出新，博采众长，开展中西方海洋文明史和海洋文化比较研究，研究海洋强国背景下海洋文化的创新和发展路径，建立完善具有鲜明中国特色并顺应国际发展趋势的海洋文化理论体系，提高海洋文化在学术界的影响力，推动海洋文化大繁荣，为建设海洋强国和 21 世纪海上丝绸之路奠定学术理论基础。

建立国民海洋意识调查评估体系。在全国范围内定期开展国民海洋意识调查，科学利用海洋意识发展指数，并对调查结果进行数值量化分析，为客观评价国民海洋意识提供参照。同时，对海洋意识宣传教育工作成效进行定性定量分析，为客观评价海洋意识宣传教育工作提供依据，促进海洋意识宣传教育进行科学的管理和有效的资源配置。

完善海洋舆情监测分析体系。加强海洋舆情监测和分析能力建设，完善舆情监测、分析研判、舆论引导体系，建立海洋舆情常态化监测、预警、紧急应对和决策参考的一体化机制。做好海洋舆情日常监测、负面舆情监测预警、突发事件舆情应对等业务工作，完善内参编辑，建立专家库，为海洋管理提供有效的决策参考。

探索海洋特色文化产业统计评估。加强海洋特色文化产业运行监测和统计评估研究，探索建立科学合理的指标体系，及时准确地跟踪监测和分析海洋特色文化产业发展状况，为产业发展及市场调控提供真实可靠的统计数据和信息咨询。

四、保障措施

"十三五"期间，海洋意识宣传教育和文化建设工作任务多，涉及面广，为确保各个领域取得切实进展和良好成效，必须加大各方面的保障力度。

（一）加强组织领导和统筹协调

强化组织领导。各级政府和有关部门应加强对海洋意识宣传教育和文化建设工作的指导，并把其作为一项长期坚持的重点工作，纳入中央和地方的宣传思想教育工作体系和精神文明建设体系，精心策划组织。要把海洋意识宣传教育和文化建设工作放在重要位置，纳入工作全局研究部署、检查落实。要建立完善相关规章制度，制修订海洋新闻信息管理制度和政府信息公开管理制度。要在政策方向上牢牢把握，在工作实施中加强领导，对涉海敏感话题的报道要严把宣传纪律，严格审批制度，坚持正确舆论导向。要加强组织机构建设，完善海洋宣传教育机构，推动成立相关行业组织，为海洋意识宣传教育和文化建设工作提供强有力的组织保障。

加大统筹协调力度。各级海洋、宣传、教育、文化、新闻出版广电、网信、文物等部门以及共青团、文联、作协、科协、记协等人民团体要加强部门之间的协调联动，积极规划、指导、协调和规范海洋意识宣传教育和文化建设工作，充分发挥各部门职能作用和资源优势，凝聚工作合力，实现共建共享，提升综合效益。各级各类媒体要广泛参与，建设以中央主要媒体为主、地方媒体为辅、兼顾传统媒体与新兴媒体的海洋意识宣传教育和文化建设的媒体力量。最终形成政府主导、各方配合、权责明确、运转顺畅、充满活力、富有成效的工作格局。同时，积极发挥各类学术团体和社会组织作用，在全社会营造海洋意识宣传教育和文化建设的良好氛围。

加强组织实施和监督检查。沿海地区和有关部门要组织开展海洋意识宣传教育和文化建设规划实施的监督检查与考评，进一步完善规划实施方案，明确具体项目。要加大对重大海洋意识宣传教育和文化建设项目在资金使用、实施效果、服务效能等方面的监督检查和考核评估，探索建立公众满意度指标和第三方评价制度，完善责任机制和激励机制，保证各项规划任务落到实处。

（二）加强经费保障和人才队伍建设

畅通多渠道的资金保障。有关部门在各类海洋工作专项经费中安排一定比例的宣传教育工作经费，专门用于该项工作相关的宣传教育。鼓励各类公益性社会机构、行业协会、青年志愿者组织积极投入和参与海洋意识宣传教育和文化建设活动，厉行节约，勤俭办事，优化整合人力、渠道、平台等资源，集中各方面资金、经验、知识、品牌优势。

加强人才队伍建设。定期开展海洋意识宣教骨干业务培训交流，加大宣传思想战线干部、中小学教师、社会团体和学生社团等领域的海洋意识宣传教育人才队伍建设力度，加强对涉海企事业单位海洋宣教人才的培养。大力培养创新和经营复合型海洋文化人才，依托各类院校和研究机构以及工作室、文化名人、艺术大师，促进海洋文化传承与创新，造就一批具备海洋意识、现代意识、创新意识的领军人物。加强海洋系统各级新闻宣传通讯员队伍建设，合理整合人才资源，建立健全绩效考核和表彰体系，努力建设一支高素质、多任务、规范化、权威性的新闻宣传通讯员队伍，能够将海洋领域新闻宣传热点、亮点及时准确地传播。

提高海洋工作者思想认识水平。广大海洋工作者既是建设海洋强国的实践者，也是提升海洋意识的宣传者、海洋文化的传播者。要加强思想政治教育，学习先进典型，弘扬忠诚祖国、甘于奉献、勇于创新、不畏艰险的海洋工作者精神，激励干部职工热爱海洋、扎根海洋、奉献海洋。要挖掘海洋系统文化资源，开展历史档案、单位史志、涉海藏品的收集整理，因地制宜建立本单位史志陈列馆（室），培养熏陶干部职工发扬传统、爱岗敬业的精神风貌。要加强鼓励和引导，号召全体海洋工作者将海洋意识宣传教育和文化建设作为义不容辞的责任和义务，树立强烈的使命感和自豪感，争当海洋强国和21世纪海上丝绸之路建设的宣传员和排头兵。

（三）促进国际交流和传播

加强国际交流与合作。立足国内现有文化交流平台，结合海洋双边、多边国际活动，利用涉外海洋论坛、研讨会，精心设计策划议题，拓展海洋文化交流的内涵和空间。建立健全中外海洋文化学术交流机制，加强与国际上有影响的海洋文化科学研究机构、国际组织、专家学者的交流与合作，积极借鉴国际海洋文化新理念、新做法。鼓励海洋特色的民间文化交流合作。

加强对外传播。加强海洋外宣工作，打造海洋外宣平台，利用好中国记协"新闻茶座"等形式，讲好中国海洋故事，宣传中国海洋观，推介中国海洋特色文化产品和服务。积极推动有关我国海洋事务的政府白皮书编写发表工作。以21世纪海上丝绸之路沿线国家为首要，以西方海洋大国为关键，积极组织中央外宣媒体开展富有海洋特色的对外报道，展现我国开放自信、合作共赢的良好形象，助推我国积极参与国际海洋事务。积极推进国际海底地理实体命名工作，在国际海域进一步体现中华文明和文化元素。支持国内海洋文化单位参与国际重大海洋文化活动，赴海外开展21世纪海上丝绸之路文化之旅交流活动。支持海洋特色文化企业参加境外图书展、影视展、艺术节等国际大型展会和文化活动。开拓境外营销网络和渠道，推动中国海洋特色文化产品和服务走向国际市场。积极传承和弘扬妈祖文化等传统海洋文化，构建21世纪海上丝绸之路文化纽带。

附录三："我身边的海洋"暑期
社会实践活动纪实

大连海洋大学海洋科技与环境学院

为了调查国民海洋意识发展现状，增强在校大学生的社会责任感和使命感，进一步提升国民的海洋意识水平，在国家海洋局办公室和大连海洋大学各级领导的支持和指导下，2016 年暑假期间大连海洋大学海洋科技与环境学院开展了"我身边的海洋——国民海洋意识调查"暑期社会实践活动。

一、群策群力 精心筹划

围绕国家"一带一路"倡议，指导教师精心筹划了两项活动内容和三条活动路线。两项活动内容是国民海洋意识调查和海洋科学知识普及，三条活动路线是古丝绸之路经济带（西安—兰州—乌鲁木齐，另增加红色革命圣地遵义）、21世纪海上丝绸之路（南京—泉州）、大连临近城市（大连—沈阳—四平），共组织9个社会实践小组奔赴九大城市调研。

二、九大城市 精彩呈现

路线一：古丝绸之路经济带

该路线的调查涉及四个城市，包括西安、兰州、乌鲁木齐和遵义。这四个城市均属内陆城市，具有很好的代表性。西安小组的调查活动激发了内陆城市人们对海洋的认识，同时也加深了沿海及内陆民众的情感交流。在调查过程中，一对 70 多岁的老夫妇成为本次活动中一类典型的调查对象，老人带着老花镜，一字一顿地读出选项，老伴儿低声应和。老人说虽然自己的力量弱小，但是愿意为海洋环境保护做出贡献。兰州小组在多个地点开展调查，主要采用定点搭建场地、走访店铺的形式。小组成员在活动场地现场讲解，引导群众围观，促使民众填写网络版调查问卷和纸质问卷。小组成员详细地讲解了本次活动的目的和意义，呼吁民众关注海洋、保护人类赖以生存的地球。乌鲁木齐小组前往维吾尔族社区进行海洋意识问卷调查，在社区的"去极端化"教育基地就海洋知识与其相关话题进行了一场轻松愉快的互动式科普座谈。大部分居民认为对海洋知之甚少，对大海及海滨城市充满向往，有很强的意愿去沿海参观、旅游和学习，希望在课本中了解更多的海洋知识。有民众表示，通过填写问卷，提高了海洋环保意识和维护祖国领土完整的意识。遵义是西南地区承接南北、连接东西、通江达海的重要交通枢纽，在红色文化传承方面扮演着非常重要的角色。遵义调查小组积极组织实践活动，为海洋意识的调查提供了丰富数据。

路线二：21 世纪海上丝绸之路

该路线的调查涉及两个城市，南京和泉州。南京调查小组在活动初期通过分析筛选，设定了问卷发放地点。将中山陵、南京大屠杀纪念馆、郑和宝船遗址公园等凸显南京历史文化的胜地纳入调查范围，其中郑和宝船遗址公园与此次海洋意识调查活动的宗旨相得益彰。泉州小组的调查以流动分工、定点宣传、互帮互助三种方式开展，小组中泉州本地同学用方言与路人交流，通过口头方式帮助部分受访者完成问卷。活动期间，发生了很多感人的故事：6 岁小女孩在父亲的陪同与帮助下完成问卷，60 岁大爷坚持了近两个小时完成一份问卷，56 岁大妈拿着问卷回家填好后又送回来，有 6 个月身孕的女士坚持站立一小时完成问卷等。

路线三：大连临近城市

对大连临近城市的调研涉及三个城市：大连、沈阳和四平。在大连调研期间，调查小组充分利用了大连市第十八届啤酒节的契机以及网络媒体的力量，在啤酒节举办场所——星海广场发放纸质版调查问卷，并通过微信、朋友圈、微博等社交平台推广网络版调查问卷和各类海洋知识。沈阳调查小组广泛征求家人和朋友的建设性意见，制订了灵活的调查方案，积极调动身边亲朋好友参与，并针对不同年龄段、人群，选择不同时间、地点进行了深入调查。四平调查小组按照不同年龄层次进行活动选址，包括以青年为主的四平万达广场，以初、高中为主的学校和培训机构，以中老年人为主的四平火车站烈士纪念塔，通过这种调查方式，四平调查小组增强了活动的广泛性和全面性。

三、回收问卷 分析数据

在实践活动后期，指导教师组织调查成员进行了数据录入、质量核查、数据分析及调研报告撰写等工作。在活动中，调查小组共收集 2623 份调查问卷，经过数据质量审核，最终共获得 1871 份有效问卷。依据评价指标体系，对国民的海洋意识状况进行了深入分析，针对受访者所在的城市、性别、年龄、收入水平以及受教育层次等进行横向对比，为了解我国国民海洋意识的现状提供了有力的数据支撑。

致　谢

在国民海洋意识发展指数的研究期间，课题组得到了来自国家海洋局办公室、北京大学海洋研究院、北京大学信息管理系、大连海洋大学海洋科技与环境学院、国家发展和改革委员会大数据分析中心等单位领导和专家的大力支持。感谢国家发展和改革委员会大数据分析中心对互联网数据获取的帮助，感谢北京大学社科调查中心对调查问卷的指导，感谢广大民众对国民海洋意识发展指数的意见和建议，感谢被调查同学对问卷的认真作答，感谢《人民日报》、新华社、《中国海洋报》、人民网、环球网、《海洋世界》等媒体对本项研究工作的支持和帮助！

在课题的研究过程中，我们参考和借鉴了国内外大量的有关海洋意识研究、互联网大数据处理与分析、社会调查研究方法等方面的文献资料，由于报告格式与篇幅的限制，未能将相关文献资料一一列出，在此特向所有参考文献的作者表示衷心的感谢！